高等职业教育精品示范教材（信息安全系列）

大型数据库应用与安全

主　编　刘　涛　胡　凯

副主编　武春岭　鲁先志　何　欢

中国水利水电出版社
www.waterpub.com.cn

内 容 提 要

本书依照大型数据库的学习规律，兼顾大型数据库用户的需求，以目前使用最广泛的 Oracle 11g 为蓝本，对大型数据库的安装、大型数据库的管理、大型数据库的备份与恢复、大型数据库容灾方案的布署、大型数据库记录丢失的处理进行了详细的介绍。

全书共 8 章，主要内容包括数据库的创建与管理、数据库管理、安全管理、数据库查询及视图、数据库备份与恢复、RMAN 备份与恢复、Data Guard、数据库闪回。

本书融入了作者丰富的教学和实践经验，内容安排合理，每一个章节的写作都力求语言精炼、概括知识点准确，并配备了详细的操作过程以及结果验证，便于使用者上机实践和检查学习效果。

本书提供免费电子教案，读者可以到中国水利水电出版社网站和万水书苑上免费下载，网址：http://www.waterpub.com.cn/softdown 和 http://www.wsbookshow.com。

图书在版编目（CIP）数据

大型数据库应用与安全 / 刘涛, 胡凯主编. -- 北京：中国水利水电出版社, 2016
高等职业教育精品示范教材. 信息安全系列
ISBN 978-7-5170-4133-7

Ⅰ. ①大… Ⅱ. ①刘… ②胡… Ⅲ. ①数据库系统—安全技术—高等职业教育—教材 Ⅳ. ①TP311.13

中国版本图书馆CIP数据核字(2016)第037206号

策划编辑：祝智敏　　责任编辑：陈洁　　加工编辑：庄晨　　封面设计：李佳

书　名	高等职业教育精品示范教材（信息安全系列） **大型数据库应用与安全**
作　者	主编　刘涛　胡凯 副主编　武春岭　鲁先志　何欢
出版发行	中国水利水电出版社 （北京市海淀区玉渊潭南路1号D座　100038） 网址：www.waterpub.com.cn E-mail：mchannel@263.net（万水） 　　　　sales@waterpub.com.cn 电话：（010）68367658（发行部）、82562819（万水）
经　售	北京科水图书销售中心（零售） 电话：（010）88383994、63202643、68545874 全国各地新华书店和相关出版物销售网点
排　版	北京万水电子信息有限公司
印　刷	三河市铭浩彩色印装有限公司
规　格	184mm×240mm　16开本　12.5印张　360千字
版　次	2016年3月第1版　2016年3月第1次印刷
印　数	0001—3000册
定　价	28.00元

凡购买我社图书，如有缺页、倒页、脱页的，本社发行部负责调换

版权所有·侵权必究

高等职业教育精品示范教材（信息安全系列）

丛书编委会

主　任	武春岭				
副主任	雷顺加	唐中剑	史宝会	张平安	胡国胜
委　员					
	李进涛	李延超	王大川	李宝林	杨　辰
	鲁先志	张　湛	路　亚	甘　辰	徐雪鹏
	唐继勇	梁雪梅	李贺华	何　欢	张选波
	杨智勇	乐明于	赵　怡	胡光永	李峻屹
	周璐璐	胡　凯	王世刚	匡芳君	郭兴社
	何　倩	李剑勇	陈　剑	刘　涛	杨　飞
	冯德万	江果颖	熊　伟	徐钢涛	徐　红
	冯前进	胡海波	李莉华	王　磊	陈顺立
	武　非	王全喜	王永乐	迟恩宇	胡方霞
	王　超	王　刚	陈云志	高灵霞	王文莉
秘　书	祝智敏				

序

随着信息技术和社会经济的快速发展，信息和信息系统成为现代社会极为重要的基础性资源。信息技术给人们的生产、生活带来巨大便利的同时，计算机病毒、黑客攻击等信息安全事故层出不穷，社会对于高素质技能型计算机网络技术和信息安全人才的需求日益旺盛。党的十八大明确指出"高度关注海洋、太空、网络空间安全"，信息安全被提到前所未有的高度。加快建设国家信息安全保障体系，确保我国的信息安全，已经上升为我国的国家战略。

发展我国信息安全技术与产业，对确保我国信息安全有着极为重要的意义。信息安全领域的快速发展，亟需大量的高素质人才。但与之不相匹配的是，在高等职业教育层次信息安全技术专业的教学中，更多地存在着沿用本科专业教学模式和教材的现象，对于学生的职业能力和职业素养缺乏有针对性的培养。因此，在现代职业教育体系的建立过程中，培养大量的技术技能型信息安全专业人才成为我国高等职业教育领域的重要任务。

信息安全是计算机、通信、数学、物理、法律、管理等学科的交叉学科，涉及计算机、通信、网络安全、电子商务、电子政务、金融等众多领域的知识和技能。因此，探索信息安全专业的培养模式、课程设置和教学内容就成为信息安全人才培养的首要任务。高等职业教育精品示范教材（信息安全系列）丛书编委会的众多专家、一线教师和企业技术人员，依据最新的专业教学目录和教学标准、结合就业实际需求，组织了以就业为导向的教材编写工作。该系列教材由《网络安全产品调试与部署》《网络安全系统集成》《Web 开发与安全防范》《数字身份认证技术》《计算机取证与司法鉴定》《操作系统安全（Linux）》《网络安全攻防技术实训》《大型数据库应用与安全》《信息安全工程与管理》《信息安全法规与标准》《信息安全等级保护与风险评估》等组成，在紧跟当代信息安全研究发展的同时，全面、系统、科学地培养信息安全类技术技能型人才。

本系列教材在组织规划的过程中，遵循以下几个基本原则：

（1）以就业为导向、产学结合的发展道路。学科和专业同步加强，按企业需要、按岗位需求来对接培养内容。既能反映信息安全学科的发展趋势，又能结合信息安全专业教育的改革，且及时反映教学内容和教学体系的调整更新。

（2）采用项目驱动、案例引导的编写模式。打破传统的以学科体系设置课程体系、以知识点为核心的框架，更多地考虑学生所学知识与行业需求及相关岗位、岗位群的需求相一致，坚持"工作流程化""任务驱动式"，突出"走向职业化"的特点，努力培养学生的职业素养、职业能力，实现教学内容与实际工作的高仿真对接，真正以培养技术技能型人才为核心。

（3）专家和教师共建团队，优化编写队伍。由来自信息安全领域的行业专家、院校教师、企业技术人员组成编写队伍，跨区域、跨学校进行交叉研究、协调推进，把握行业发展和创新教材发展方向，将其融入信息安全专业的课程设置与教材内容。

（4）开发课程教学资源，推进专业信息化建设。从充分关注人才培养目标、专业结构布局等入手，开发补充性、更新性和延伸性教辅资料，开发网络课程、虚拟仿真实训平台、工作过程模拟软件、通用主题素材库以及名师讲义等多种形式的数字化教学资源，建立动态、共享的课程教材信息化资源库，服务于系统培养技术技能型人才。

信息安全类教材建设是提高信息安全专业技术技能型人才培养质量的关键环节，是深化职业教育教学改革的有效途径。为了促进现代职业教育体系的建设，使教材建设全面对接教学改革、行业需求，更好地服务区域经济和社会发展，我们殷切希望各位职教专家和老师提出建议，并加入到我们的编写队伍中来，共同打造信息安全领域的系列精品教材！

丛书编委会
2014 年 6 月

前　言

　　随着计算机应用的日益普及，数据库技术也成为越来越重要的技术基础，数据库是保证软件质量的重要环节，专业高效的应用系统对数据库技术的要求越来越高，Oracle 是全球领先的数据库供应商，其数据库从可伸缩性、安全性和高可用性都堪称完美，是目前为止市场上可见的技术最先进的数据库产品之一，因其在数据库安全与数据库完整性控制方面的优越性能，越来越多的企业以 Oracle 数据库作为应用数据的后台处理系统。

　　本书的编写适应了高职教育的需要，充分考虑高职教育的特点，结合职业需求，以工作任务为导向，以任务实践为主。在讲解 Oracle 的基础操作的同时，重点描述 Oracle 安全技术。本书以 Oracle 11g 为平台，以"学生成绩管理系统"作为一个贯穿项目，让读者在"做中学，学中做"，从而能够逐步掌握 Oracle 数据库的基本操作和安全应用。

　　1. 本书内容

　　第 1 章主要介绍 Oracle 数据库简介、Oracle 11g 的安装、用界面方式建数据库、用命令方式建数据库、使用企业管理器 OEM、使用 SQL*Plus 工具、监听程序的配置。

　　第 2 章介绍创建学生成绩管理系统的表空间、表、约束保障数据的完整性、序列、同义词、索引。

　　第 3 章介绍如何创建学生成绩管理系统中的用户、用户及角色权限管理、登录安全的概要文件、进行后期安全记录查询的数据库审计。

　　第 4 章是介绍数据查询在学生成绩管理数据库中的应用，主要有数据库的查询、数据库视图、格式化输出结果。

　　第 5 章是介绍学生成绩管理系统数据库的备份与恢复，主要有数据库的物理备份、数据库逻辑备份与恢复。

　　第 6 章也是介绍学生成绩管理系统数据库的备份与恢复，主要是通过 RMAN 技术来实现备份与恢复。

　　第 7 章介绍 Data Guard，从 Oracle 的 Data Guard 技术来讲述双机的部署，主要是通过主机的配置、备机的配置、主备的切换来实现数据库的安全部署。

　　第 8 章介绍基于数据恢复闪回技术。主要讲述查询闪回、闪回版本查询、闪回事务查询、表闪回、删除闪回、闪回数据库、归档闪回。

　　2. 本书特色

　　（1）以介绍 Oracle 大型数据库的基础为辅，着重讲述 Oracle 大型数据库的安全应用部署。

　　（2）本书以 Oracle 11g 内容为基础，以一个贯穿全书的项目为主线，该项目分成不同的任务，每个任务既相对独立又有一定的连续性，每个任务再分成若干子任务，教学活动的过程就是完成每个子任务的过程。

（3）学以致用，注重能力。以"基础理论－实用技术－任务实施"为主线进行编写，以便读者掌握本书的重点及提高实际操作能力。

（4）课后习题和实训部分与正文相呼应，使两部分内容成为不可分割的整体。

3. 读者定位

本书主要面向高等职业技术院校，既可作为大中专院校的数据库安全、大型数据库的教材，也可作为读者自学的参考书。

本书由重庆电子工程职业学院刘涛、胡凯任主编，武春岭、鲁先志、何欢任副主编。其中，第1、2、3章由胡凯编写；第4、5、6、7、8章由刘涛编写。教材编写过程中，得到了蔡登峰、陆余乐、田贵芳同学的实验辅助和验证，同时，重庆电子工程职业学院孙卫平书记和唐玉林副校长给予了大力支持和关心。重庆久远银海软件有限公司张明宇、宋先鹏提供了技术支持，在此谨表示感谢。

由于编者水平有限，书中若有不当之处，敬请读者指正。

编　者

2015年12月

目　录

序
前言

第1章　安装 Oracle 11g 数据库服务器 ··············· 1
1.1　Oracle 数据库简介 ··············· 2
　　1.1.1　数据库术语 ··············· 2
　　1.1.2　Oracle 数据库的特点 ··············· 3
　　1.1.3　数据库逻辑存储结构 ··············· 3
　　1.1.4　数据库物理存储结构 ··············· 4
1.2　Oracle 11g 的安装 ··············· 4
1.3　用界面方式建数据库 ··············· 9
　　1.3.1　数据库的创建 ··············· 9
　　1.3.2　数据库的删除 ··············· 22
　　1.3.3　数据库的修改 ··············· 24
1.4　用命令方式建数据库 ··············· 27
　　1.4.1　创建数据库 ··············· 27
　　1.4.2　使用 PL/SQL 删除数据库 XSCJ ··············· 30
1.5　使用企业管理器 OEM ··············· 30
　　1.5.1　使用 OEM 管理表空间 ··············· 30
　　1.5.2　修改表空间 ··············· 34
　　1.5.3　删除表空间 ··············· 35
1.6　使用 SQL*Plus 工具 ··············· 35
1.7　监听程序的配置 ··············· 36

第2章　数据库管理 ··············· 40
2.1　创建表空间 ··············· 40
2.2　创建表 ··············· 41
　　2.2.1　PL/SQL 方式操作表 ··············· 41
　　2.2.2　命令方式操作表 ··············· 42
2.3　用约束保障数据的完整性 ··············· 42
　　2.3.1　主键约束的创建 ··············· 43
　　2.3.2　外键约束的创建 ··············· 44
　　2.3.3　唯一性约束的创建 ··············· 46
　　2.3.4　检查约束的创建 ··············· 47
　　2.3.5　非空约束的创建 ··············· 47
2.4　序列 ··············· 48
　　2.4.1　创建序列 ··············· 48
　　2.4.2　修改序列 ··············· 48
2.5　同义词 ··············· 49
　　2.5.1　创建同义词 ··············· 49
　　2.5.2　使用同义词 ··············· 49
　　2.5.3　删除同义词 ··············· 50
2.6　索引 ··············· 50
　　2.6.1　索引简介 ··············· 50
　　2.6.2　索引的分类 ··············· 50
　　2.6.3　创建索引 ··············· 51
2.7　更新数据库 ··············· 52
　　2.7.1　插入记录 ··············· 53
　　2.7.2　删除记录 ··············· 53
　　2.7.3　修改记录 ··············· 53

第3章　Oracle 数据库的安全管理 ··············· 55
3.1　用户管理 ··············· 55
　　3.1.1　新建用户 ··············· 56
　　3.1.2　修改用户 ··············· 56
　　3.1.3　删除用户 ··············· 56
3.2　权限管理 ··············· 57
　　3.2.1　系统权限管理 ··············· 57
　　3.2.2　对象权限管理 ··············· 59
3.3　角色管理 ··············· 61
　　3.3.1　角色概述 ··············· 61

3.3.2 创建用户角色 ……………… 62	5.1.3 不完全恢复 …………………… 101
3.3.3 管理用户角色 ……………… 62	5.2 数据库逻辑备份与恢复 ………… 102
3.4 概要文件 …………………………… 64	5.2.1 使用 EXP/IMP 命令导出/导入数据 .. 102
3.4.1 创建概要文件 ……………… 64	5.2.2 使用 OEM 导出/导入数据 …… 107
3.4.2 管理概要文件 ……………… 66	第 6 章 RMAN 备份与恢复 ……………… 120
3.5 数据库审计 ………………………… 67	6.1 RMAN 备份 ………………………… 120
3.5.1 审计概念 …………………… 67	6.1.1 连接数据库 …………………… 120
3.5.2 审计环境设置 ……………… 68	6.1.2 通道分配 ……………………… 121
3.5.3 登录审计 …………………… 69	6.1.3 RMAN 备份类型 …………… 124
3.5.4 数据活动审计 ……………… 69	6.1.4 BACKUP 命令 ……………… 125
3.5.5 对象审计 …………………… 70	6.1.5 BACKUP 命令 ……………… 128
3.5.6 清除审计数据 ……………… 71	6.2 RMAN 恢复 ………………………… 129
3.5.7 查询审计信息 ……………… 71	6.2.1 数据库进行完全介质恢复 …… 129
第 4 章 数据库查询及视图 ……………… 73	6.2.2 表空间的恢复 ………………… 131
4.1 数据库的查询 ……………………… 73	6.2.3 恢复数据文件 ………………… 132
4.1.1 选择列 ………………………… 74	6.2.4 恢复控制文件 ………………… 132
4.1.2 选择行 ………………………… 74	6.2.5 利用 RMAN 进行不完全恢复 …… 133
4.1.3 连接 …………………………… 77	6.2.6 RMAN 恢复示例 …………… 134
4.1.4 汇总 …………………………… 79	第 7 章 Data Guard …………………………… 138
4.1.5 排序 …………………………… 82	7.1 Data Guard 相关知识 ……………… 138
4.1.6 union 语句 …………………… 82	7.1.1 Data Guard 结构 ……………… 138
4.2 数据库视图 ………………………… 83	7.1.2 Data Guard 保护模式 ………… 140
4.2.1 视图的概念 ………………… 83	7.1.3 Data Guard 角色转换 ………… 140
4.2.2 创建视图 …………………… 84	7.1.4 Data Guard 特点 ……………… 140
4.2.3 查询视图 …………………… 85	7.1.5 Data Guard 相关初始化参数 … 141
4.2.4 更新视图 …………………… 86	7.2 物理 Primary 数据库配置 ………… 142
4.2.5 修改视图的定义 …………… 88	7.2.1 设定环境 ……………………… 143
4.2.6 删除视图 …………………… 88	7.2.2 实现装有 Oracle 数据库的两台
4.3 格式化输出结果 …………………… 88	计算器能互访 ………………… 143
4.3.1 替换变量 …………………… 88	7.2.3 启用归档模式 ………………… 144
4.3.2 定制 SQL*Plus 环境 ………… 91	7.2.4 启用 Force Logging ………… 145
第 5 章 数据库备份与恢复 ……………… 93	7.2.5 创建 Standby 数据库控制文件 …… 146
5.1 数据库的物理备份 ………………… 93	7.2.6 配置主库的初始化参数文件 … 146
5.1.1 脱机备份与恢复 …………… 95	7.2.7 复制相关文件到 Standby 服务器 …… 149
5.1.2 联机备份与恢复 …………… 97	7.3 物理 Standby 数据库配置 ………… 151

- 7.3.1 配置监听和网络服务名 ……………… 151
- 7.3.2 建立归档的目录和备份的目录，并进行备用机的备份 ……………… 152
- 7.3.3 替换备库机器对应文件 ……………… 153
- 7.3.4 修改备库的参数文件 ……………… 154
- 7.3.5 启动物理 Standby 数据库到 mount 状态 ……………… 156
- 7.3.6 启动日志应用 ……………… 157
- 7.3.7 备库查询日志应用情况 ……………… 157
- 7.3.8 查询数据库的角色 ……………… 158
- 7.4 数据测试 ……………… 158
  - 7.4.1 在主库上建立测试数据 ……………… 158
  - 7.4.2 在备库上查询测试数据 ……………… 159
- 7.5 角色转换 ……………… 159
  - 7.5.1 物理 Standby 执行 Switchover 切换 ……………… 160
  - 7.5.2 物理 Standby 的 Failover ……………… 161

第 8 章 数据库闪回技术 ……………… 164

- 8.1 数据库闪回的相关知识 ……………… 165
- 8.2 查询闪回 ……………… 167
  - 8.2.1 撤销表空间相关参数配置 ……………… 167
  - 8.2.2 基于时间的查询闪回 ……………… 168
  - 8.2.3 基于 SCN 的查询闪回 ……………… 169
- 8.3 闪回版本查询 ……………… 171
- 8.4 闪回事务查询 ……………… 173
- 8.5 表闪回 ……………… 176
- 8.6 删除闪回 ……………… 178
  - 8.6.1 启用"回收站" ……………… 178
  - 8.6.2 查看回收站信息 ……………… 178
  - 8.6.3 使用删除闪回从回收站恢复表 ……………… 179
  - 8.6.4 回收站管理 ……………… 180
- 8.7 闪回数据库 ……………… 180
  - 8.7.1 设置闪回数据库环境 ……………… 181
  - 8.7.2 数据库闪回 ……………… 183
- 8.8 归档闪回 ……………… 184
  - 8.8.1 创建闪回数据归档 ……………… 185
  - 8.8.2 更改闪回数据归档 ……………… 186
  - 8.8.3 启用和禁用闪回数据归档 ……………… 186
  - 8.8.4 查询闪回数据归档的有关信息 ……………… 186
  - 8.8.5 使用闪回数据归档 ……………… 187

1 安装 Oracle 11g 数据库服务器

知识提要：

数据库（Database）是数据库存储仓库的简称，Oracle 数据库目前应用最广泛的版本为 Oracle 11g，本章首先介绍数据库的基本术语，然后介绍 Oracle 11g 的安装、用界面方式建数据库、用命令方式建数据库、使用企业管理器 OEM、使用 SQL*Plus 工具、监听程序的配置。

教学目标：

- 了解数据库术语及特点；
- 能够用界面方式数据库安装、用命令方式建数据库；
- 能够使用企业管理器 OEM；
- 能够使用 SQL*Plus 工具；
- 能够进行监听程序的配置。

Oracle 数据库目前应用最广泛的版本为 Oracle 11g，本书的所有内容均以 Oracle 11g 数据库作为基础展开。

Oracle 具有强大的功能，因此，对于硬件要求也高，Oracle 11g 安装的硬件要求如下：
- 1024MB 以上的物理内存。
- 1.5～3.5GB 磁盘空间，具体大小由安装类型决定。

软件环境如下：Windows XP、Windows 2003 或者 Liunx Red Hat 5.0 以上版本。需要注意的是，Windows Vista 与 Oracle 的兼容性较差，不推荐使用。

1.1　Oracle 数据库简介

数据库（Database）是数据库存储仓库的简称。本节将首先介绍数据库的基本术语，然后最后介绍 Oracle 相对于其他数据库的特点。

1.1.1　数据库术语

在介绍数据库的配置和开发之前，了解数据库的基本术语是必要的。这些术语并非仅仅适用于 Oracle 或其他特定数据库，而是作为一种标准称谓，在各数据库中共享使用。

（1）数据。

数据是数据库的基本存储对象。文本、图像、声音、视频等媒体格式在存储于数据库时，都被称为数据。数据是数据库建立的根本目的。

（2）数据库及数据库管理系统。

数据库是数据存储的仓库。数据库都是建立在计算机设备上的，最常见的设备为计算机硬盘。数据库以文件的形式存在，而文件的具体格式则由各数据库厂商自定义。

数据库管理系统是用于管理数据库的工具。因为所有的数据库都是以某种格式存储在文件中的，用户不可能直接操作文件来实现对数据库的操作。这样不但具有相当大的安全隐患，而且根本不具有可行性。因此，各数据库厂商都会有提供本身工具（一般为图形界面软件）作为用户接口。数据库用户通过这些工具进行各种数据库操作。常见的数据库管理系统如 Oracle 的 OEM（Oracle Enterprise Manager）、SQL Server 的企业管理器等。

（3）关系型数据库。

关系型数据库实际代指了一种数据库模型。将某些相关数据存储于同一个表，表与表之间利用相互关系进行关联。关系型数据库使用简单，各表中的数据相互独立而又可以进行联系，是目前的主流关系模型。

（4）常见的数据库对象。

数据库对象是数据库中用于划分各种数据库和实现各种功能的单元。数据库用户往往利用数据库对象来实现对数据库的操作。

用户：用户是创建在数据库中的账号。通过这些账号来登录数据库，并实现对不同使用者权限的控制。

表：表是常见的数据库对象。与现实中的表具有相同的结构——每个表都由行组成，各行由列组成。

索引：索引是根据指定的数据库表中的列建立起来的顺序，对于每一行数据都会建立快速访问的路径，因此，可以大大提高数据的访问效率。

视图：视图可以看作虚拟的表。视图并不存储数据，而是作为数据的镜像。

函数：数据库中的函数与其他编程语言中的函数类似，都是用来按照规则提供返回值的流程代码。

存储过程：数据库中的存储过程类似于其他编程语言中的过程。不过，存储过程还具有自身的特点，例如，具有输入参数和输出参数等。

触发器：触发器的作用类似于监视器。触发器的本质也是执行特定任务的代码块。当数据库监控到某个事件时，会激活建立在该事件上的触发器，并执行触发器代码。

1.1.2　Oracle 数据库的特点

相较于其他数据库，Oracle 具有以下特点。

（1）优越的性能是 Oracle 战胜其他数据库的首要法宝。Oracle 优越的性能使得其成为大型应用和超大型系统的首选数据库，同时甲骨文公司从未停止在这方面的进步。

（2）提供了基于角色的权限管理模式。通过角色管理，大大加强了数据库的安全性，同时，也为 DBA 提供了更加方便、快捷的管理用户和权限的途径。

（3）可良好的支持大数据存储格式，如图形、音频、视频、动画等媒体格式。

（4）提供了良好的分布式管理功能，用户可以很轻松地实现多数据库的协调工作。

（5）提供了独创性的表空间理念。在数据模型方面，Oracle 有着区别于其他数据库的表空间概念，使数据在逻辑上划分得更加清晰，而且具有更大的灵活性。

1.1.3　数据库逻辑存储结构

Oracle 11g 数据库从结构上分为逻辑存储结构和物理存储结构。Oracle 11g 数据库的逻辑存储结构从数据库内部考虑 Oracle 数据库的组成，包括数据块、分区、段、表空间等；物理存储结构从操作系统的角度认识 Oracle 数据库的组成，包括数据文件、日志文件及控制文件等。

（1）表空间。表空间是 Oracle 中最大的逻辑存储结构，它与物理上的一个或多个数据文件相对应，每个 Oracle 数据库都至少拥有一个表空间，表空间的大小等于构成该表空间的所有数据文件大小的总和。表空间用于存储用户在数据库中创建的所有内容，例如用户在创建表时，可以指定一个表空间存储该表，如果用户没有指定表空间，则 Oracle 系统会将用户创建的内容存储到默认的表空间中。

（2）段。在数据库的逻辑存储结构中，表空间将不同类型的数据分别组织在一起，如系统数据、用户数据、临时数据、回滚数据等。在同一个表空间中，数据以数据库对象为单位组织在一起，通常一个数据库对象对应一个段，一个表空间中包含多个段，在段中存储数据库对象中的数据。

（3）分区。区是 Oracle 为数据库对象分配存储空间的基本单位。在用户创建表、索引、簇等数据库对象时，数据库服务器将为该对象对应的段分配若干个区，以存储该对象的数据。当段中已有空间用完时，该段就获取另外的分区。

（4）数据块。数据块是 Oracle 数据库中最小的逻辑存储单元，也是数据库服务器读写数据的基本单位。在 Oracle 11g 中，数据块包括标准块和非标准块，标准块的大小由初始化参数 DB_BLOCK_SIZE 指定。非标准块的大小可以是 2KB、4KB、16KB、32KB 等，只要不与标准块的大小相同即可。

1.1.4 数据库物理存储结构

（1）数据文件。数据文件是用来存储数据库中的全部数据，包括表、视图、索引、存储程序等数据库对象。在一个数据库中可以创建多个数据文件。如果计算机中有多块硬盘，应将这些数据文件分布在不同的硬盘上，从而提高数据库的访问速度。但数据文件不是越多越好，如果数据文件太多，打开它们就要消耗更多的内存空间。

（2）重做日志文件。重做日志文件的内容是对用户的 DDL 及 DML 操作所做的记录，当数据库中的数据遭到破坏时，可以使用这些重做日志来恢复数据库。鉴于重做日志文件的重要性，在数据库中应当定义多个重做日志文件组，在每个重做日志文件组中应当包含多个重做日志文件，而且同一个重做日志文件组中的日志文件应当存放在不同的硬盘中。Oracle 以循环方式向重做日志文件写入日志记录，当第一个日志文件被填满后，就向第二个日志文件继续写入，以此类推，直至所有重做日志文件都被填满时，再返回第一个日志文件，使用新事务日志记录对第一个日志文件进行重写。

（3）控制文件。控制文件用于记录 Oracle 数据库的物理结构和数据库中所有文件的控制信息，包括 Oracle 数据库的名称与建立时间、数据文件与重做日志文件的名称及所在位置、日志记录序列码等。在一个数据库中有一个或多个控制文件，当数据库启动时，Oracle 系统立即读取控制文件的内容，核实在上次关闭数据库时与该数据库关联的文件是否均已就位，根据这些信息通知数据库实例是否需要对数据库执行恢复操作。由于控制文件对数据库的重要性，为了避免因控制文件的损坏而导致 Oracle 数据库系统异常，应当为数据库配备多个控制文件，并将各个控制文件分散到不同的磁盘空间中。

1.2 Oracle 11g 的安装

本节所讲述的安装过程是在 Windows 下实现的。

（1）查看安装文件的目录结构 Oracle 11g 的安装文件夹目录，其中，setup.exe 文件即为安装文件。单击 setup.exe 文件后，将出现"Oracle Database 11g"对话框，如图 1-1 所示。

（2）单击"下一步"按钮，将进入数据库安装选项页面，选择"仅安装数据库软件"选项，如图 1-2 所示。

（3）单击"下一步"按钮，将进入数据库版本页面，选择"企业版"，如图 1-3 所示。

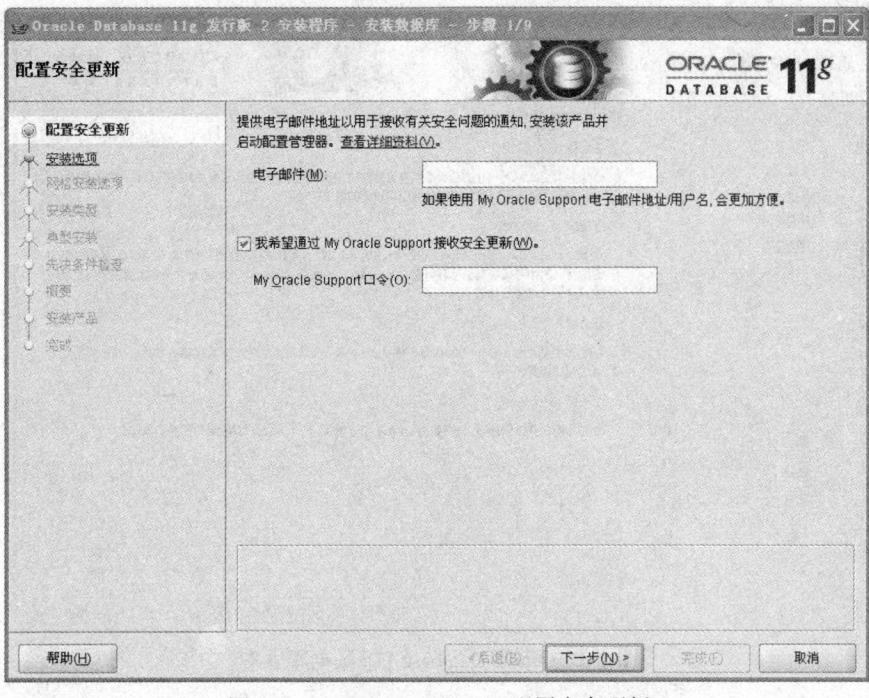

图 1-1　Oracle Database 11g 配置安全更新

图 1-2　Oracle Database 11g 安装选项

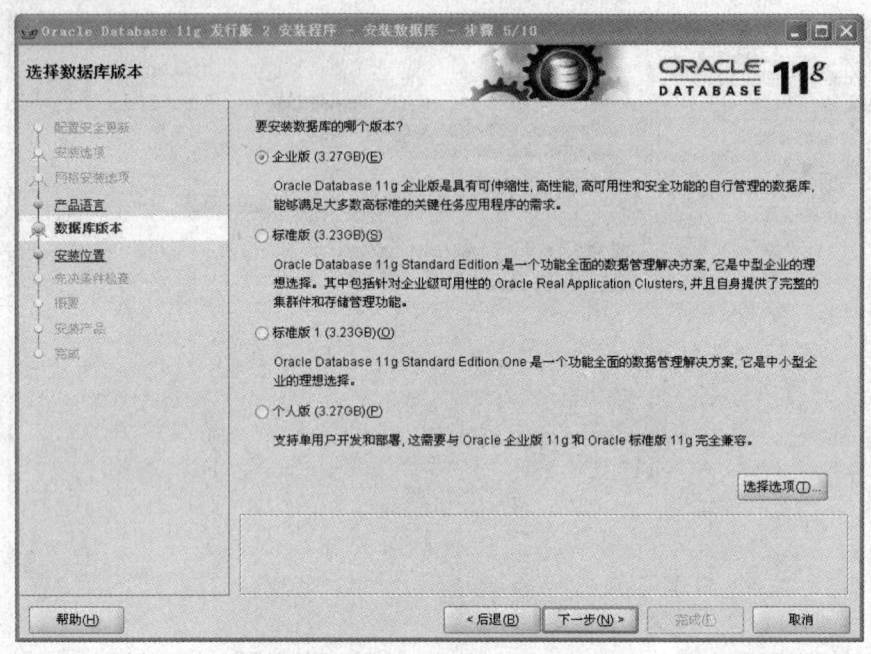

图 1-3　Oracle Database 11g 数据库版本

（4）单击"下一步"按钮，将进入安装位置页面，选择如安装位置，如图 1-4 所示。

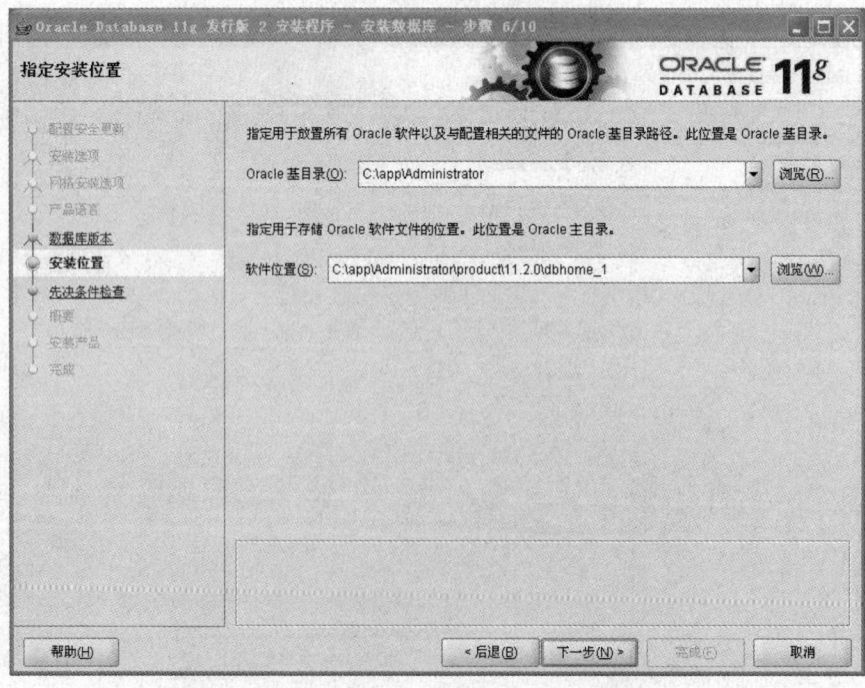

图 1-4　Oracle Database 11g 安装位置

（5）单击"下一步"按钮，将进入先决条件检查页面，如图1-5所示。

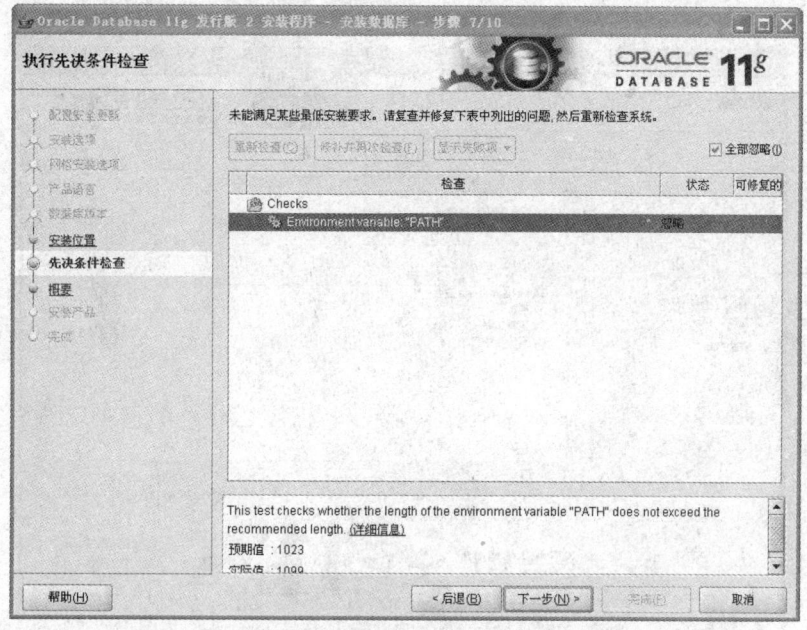

图1-5　Oracle Database 11g 先决条件检查

（6）单击"下一步"按钮，将进入概要页面，数据库安装概要中，详细列举了将要安装的 Oracle 产品的安装目录、组件信息等。如图1-6所示。

图1-6　Oracle Database 11g 概要

（7）在了解了数据库安装的概要状况之后，单击"下一步"按钮，将进入安装产品页面，如图 1-7 所示。

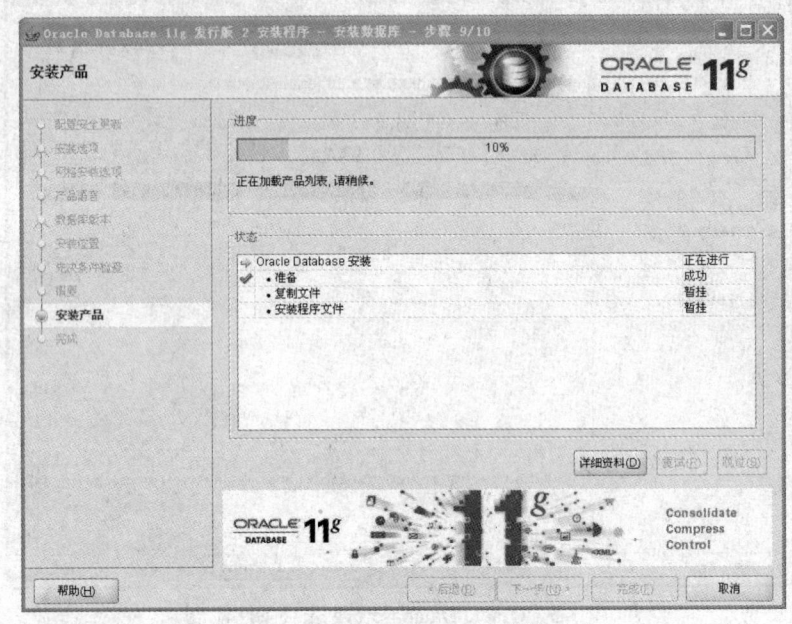

图 1-7　Oracle Database 11g 安装产品

（8）安装进度完以后，单击"下一步"按钮，安装结束，如图 1-8 所示。

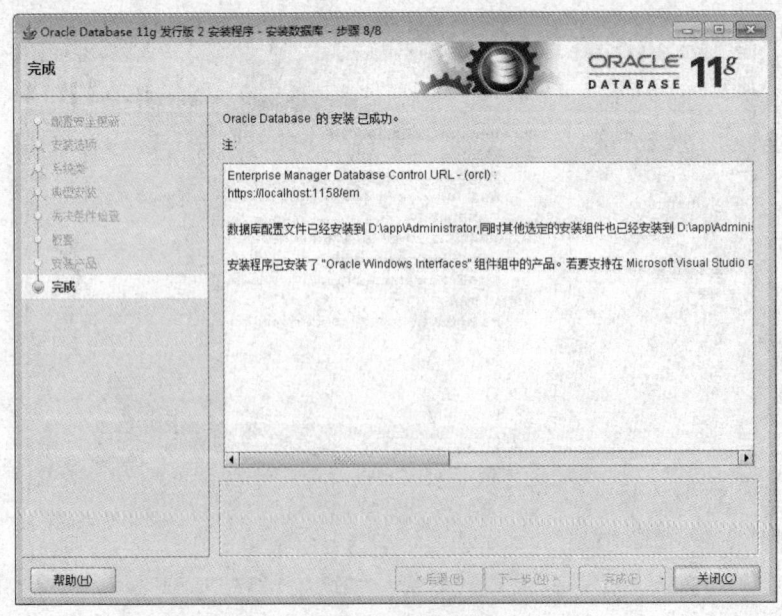

图 1-8　安装结束

1.3　用界面方式建数据库

在 Oracle 11g 中，界面方式创建数据库主要使用数据库配置向导 DBCA 来完成。DBCA（DataBase Configuration Assistant）是 Oracle 提供的一个具有图形化用户界面的工具，用来帮助数据库管理员快速、直观地创建数据库。

在安装 Oracle 数据库服务器系统时，可以不选择创建数据库，仅安装服务器软件，在使用 Oracle 系统时再创建数据库。如果系统中已经存在 Oracle 数据库，为了 Oracle 服务系统充分利用服务器资源，建议不要再使用该计算机创建另一个数据库。

创建数据库的用户必须是系统管理员，或是被授权使用 create database 语句的用户。创建数据库必须要确定全局数据库名、SID、所有者（即创建数据库的用户）、数据库大小（数据库文件最初大小、最大的大小、是否允许增长及增长的方式）、重做日志文件和控制文件等。

1.3.1　数据库的创建

【例 1.1】使用 DBCA（Database Configuration Assistant）创建数据库 XSCJ。

（1）在"开始"菜单中选择"开始"→"程序"→Oracle 11g_home1→Configuration and Migration Tools→Database Configuration Assistant 命令，启动 DBCA，启动完成后自动进入"欢迎使用"界面，单击"下一步"按钮，如图 1-9 所示。

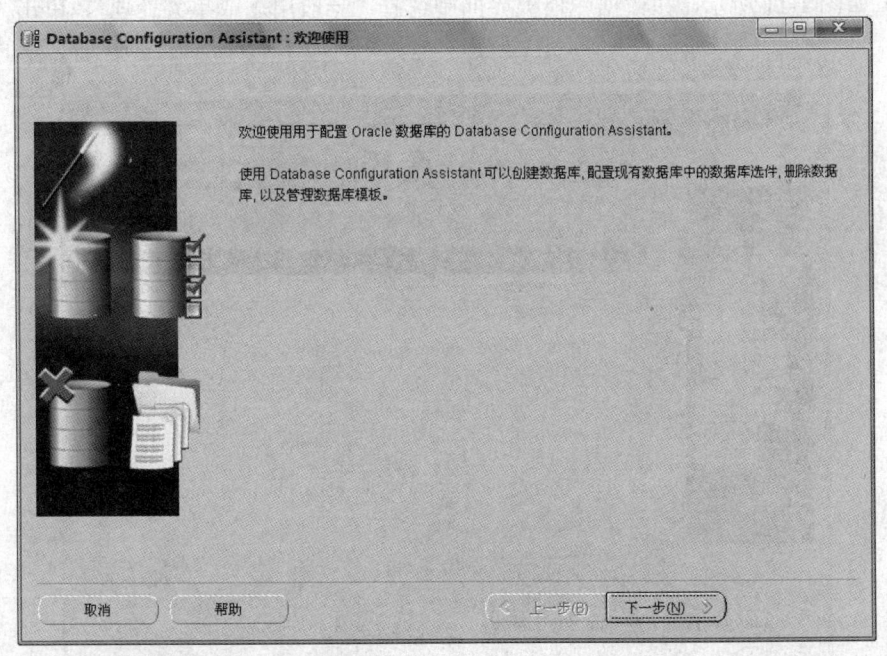

图 1-9　欢迎使用界面

（2）如图 1-10 所示，选择"创建数据库"单选按钮，单击"下一步"按钮。

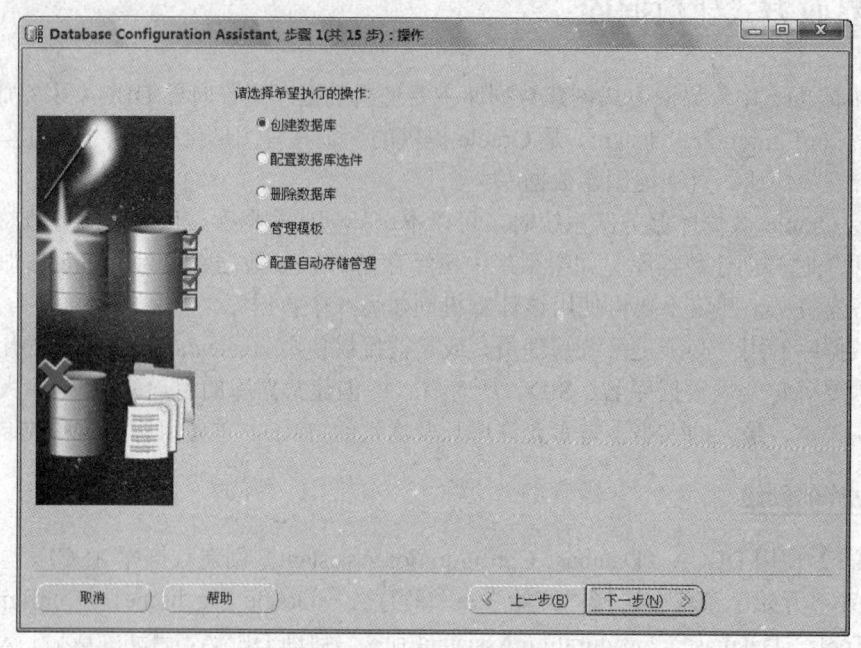

图 1-10　选择执行操作

（3）如图 1-11 所示，在数据库模板界面中选择"一般用途或事务处理"，单击"下一步"按钮。

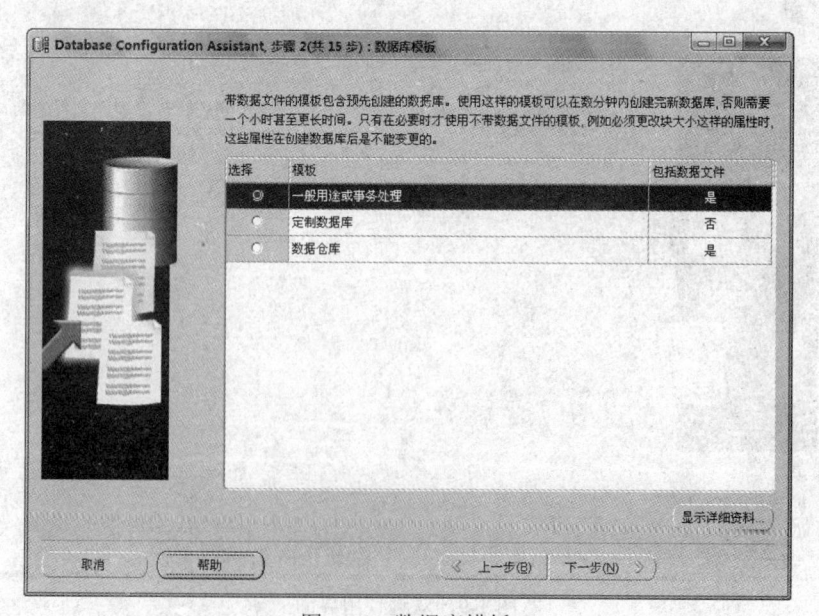

图 1-11　数据库模板

（4）如图 1-12 所示，在数据库标识界面中设定全局数据库名及 SID，本例将其均设置为 XSCJ，单击"下一步"按钮。

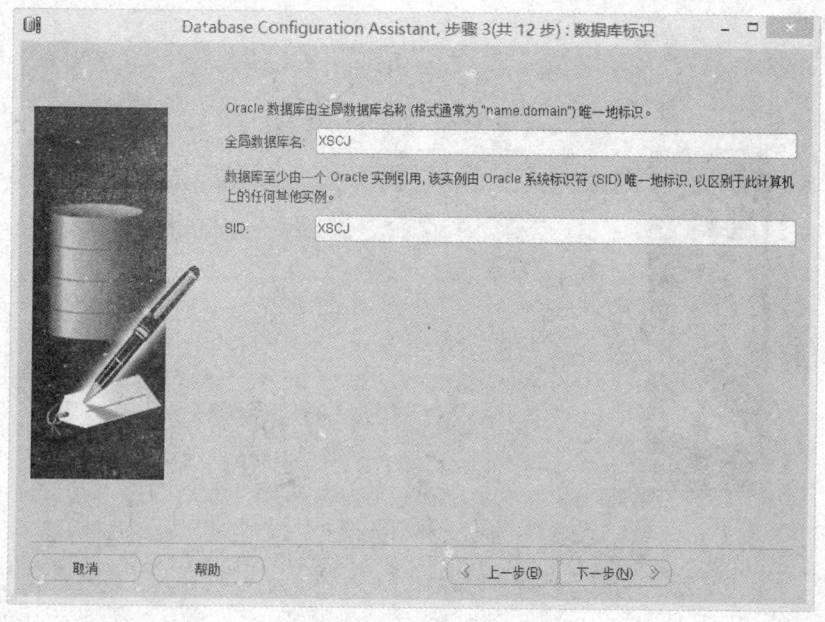

图 1-12　数据库标识

（5）如图 1-13 所示，在管理选项界面中应用默认设置，单击"下一步"按钮。

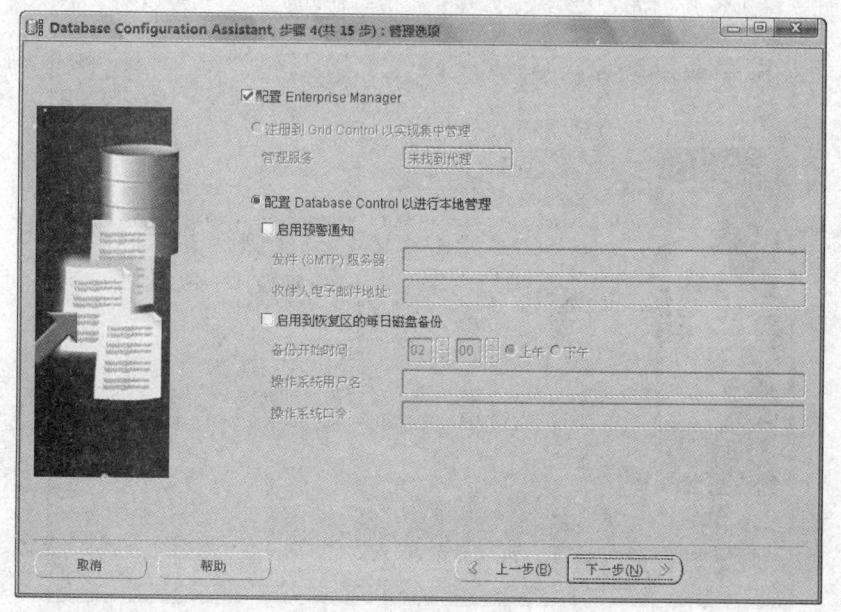

图 1-13　管理选项

（6）如图 1-14 所示，在数据库身份证明界面中，选择"所有账户使用同一管理口令"，并设定口令为 CQdz1234（在实际应用中应当为不同的账户设置不同的口令），单击"下一步"按钮。

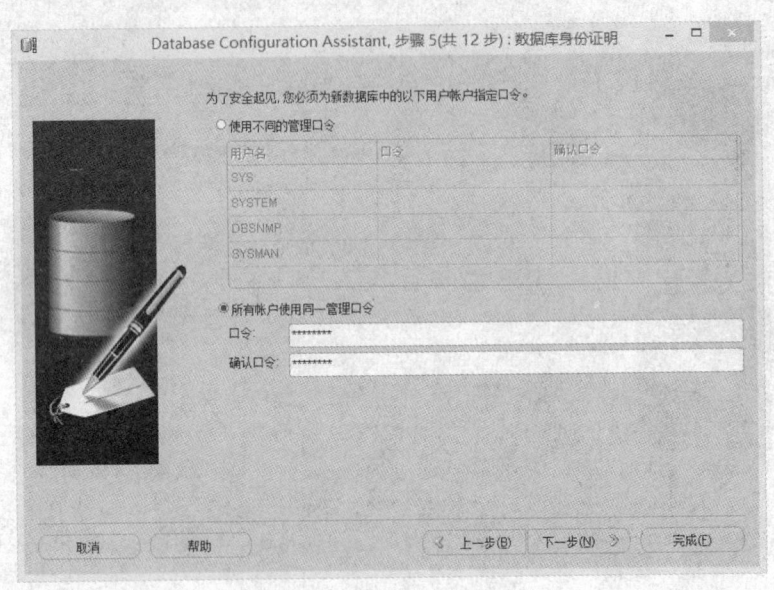

图 1-14　数据库身份证明

（7）如图 1-15 所示，在存储选项界面中选择"文件系统"选项，创建的 Oracle 11g 数据库将使用文件系统进行数据库存储，单击"下一步"按钮。

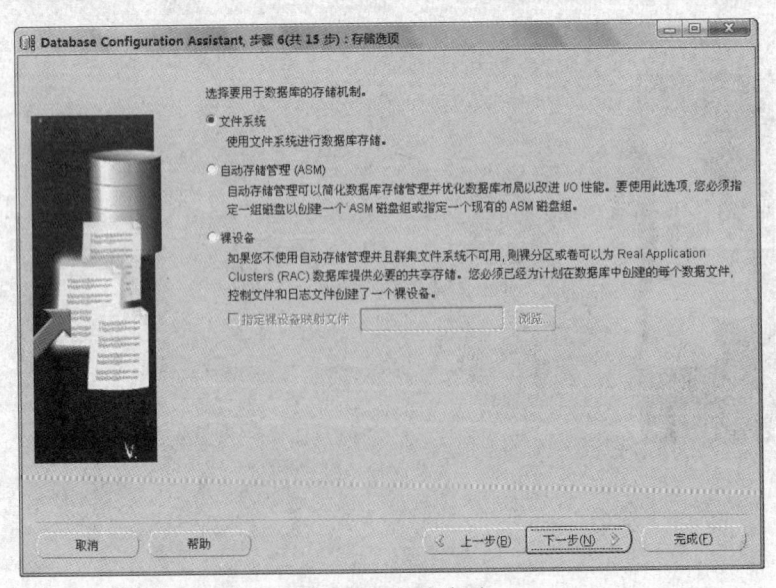

图 1-15　存储选项

安装 Oracle 11g 数据库服务器　第 1 章

（8）如图 1-16 所示，在数据库文件所在位置界面中，指定要创建的数据库文件的位置为"使用模板中的数据库文件位置"选项，单击"下一步"按钮。

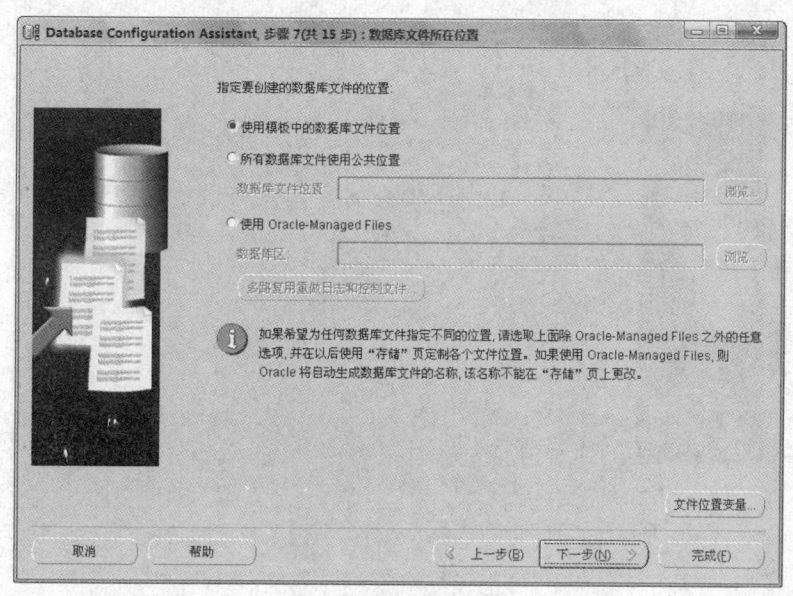

图 1-16　数据库文件所在位置

（9）如图 1-17 所示，在恢复配置界面中使用默认选项"指定快速恢复区"，单击"下一步"按钮。

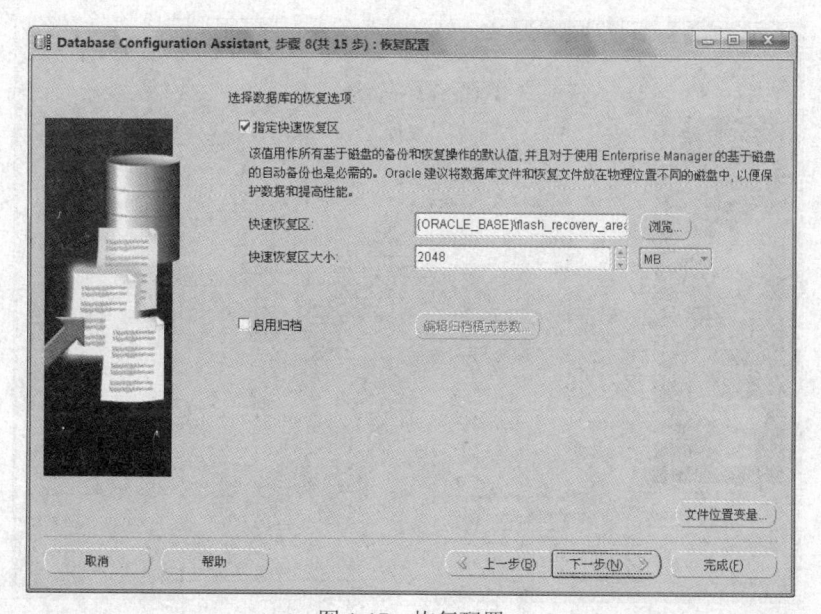

图 1-17　恢复配置

13

（10）如图 1-18 所示，在数据库内容界面中，选中示例方案页面下的"示例方案"选项，创建能够在演示程序中使用的示例方案，单击"下一步"按钮。

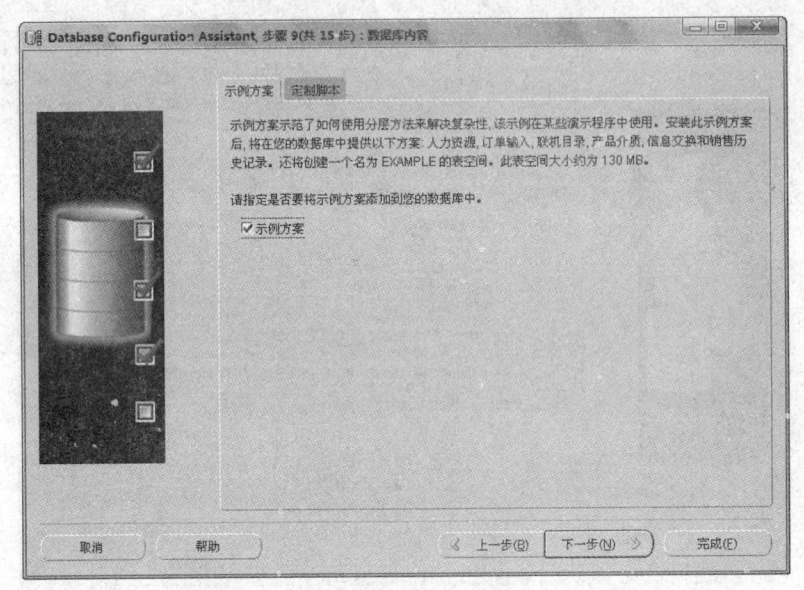

图 1-18　数据库内容

（11）如图 1-19 至图 1-22 所示，在初始化参数界面中，"内存""调整大小""字符集"及"连接模式"均应用默认项，设置完后单击"下一步"按钮。

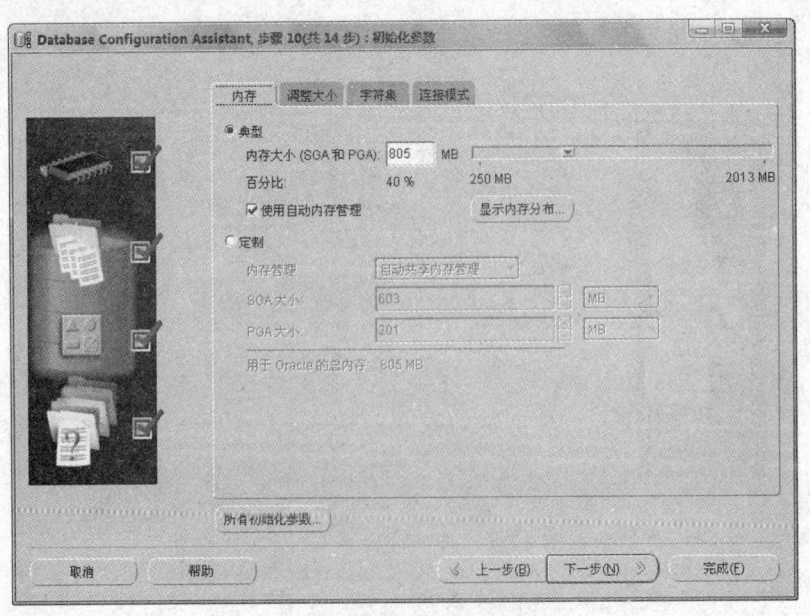

图 1-19　初始化参数－内存

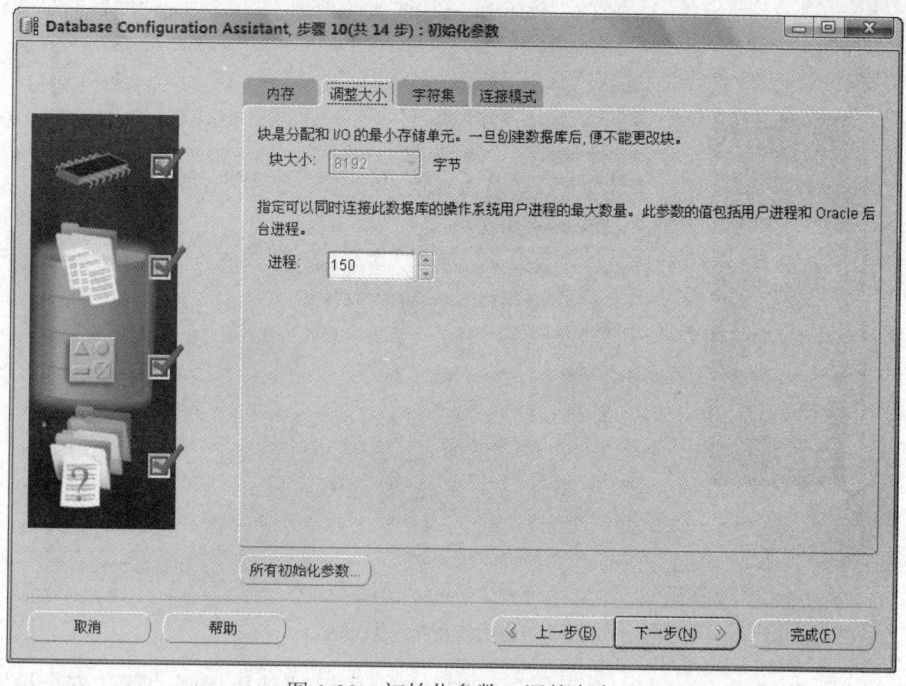

图 1-20　初始化参数－调整大小

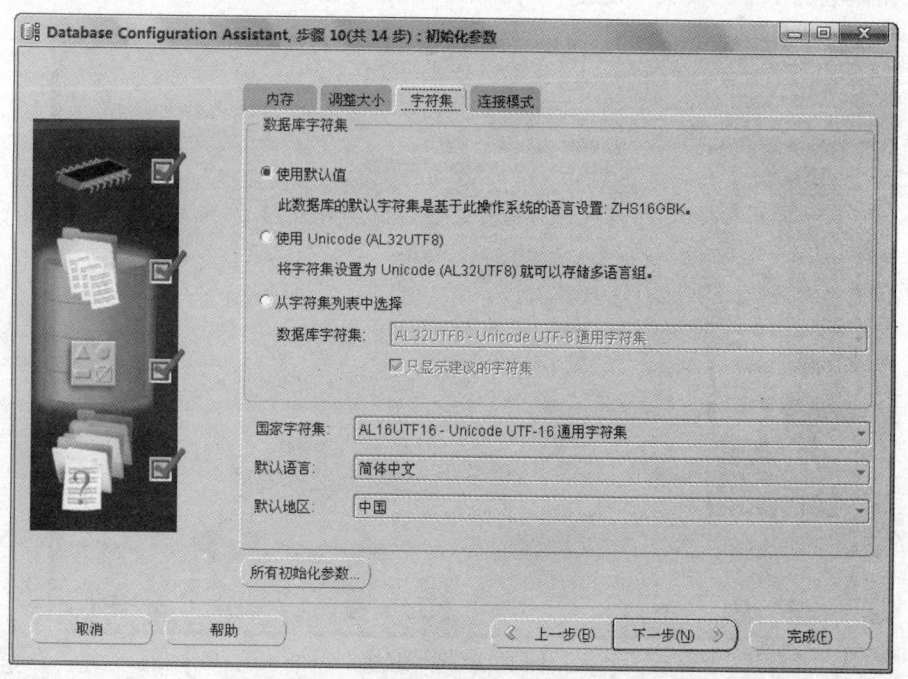

图 1-21　初始化参数－字符集

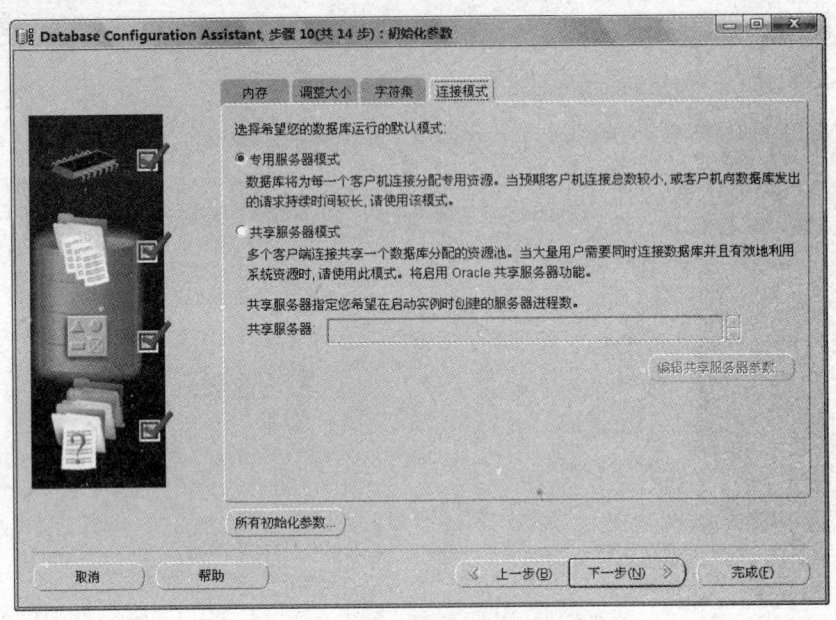

图 1-22　初始化参数－连接模式

（12）如图 1-23 所示，在安全设置界面中，Oracle 建议使用增强的默认安全设置，默认选择"保留增强的 11g 默认安全设置"，单击"下一步"按钮。

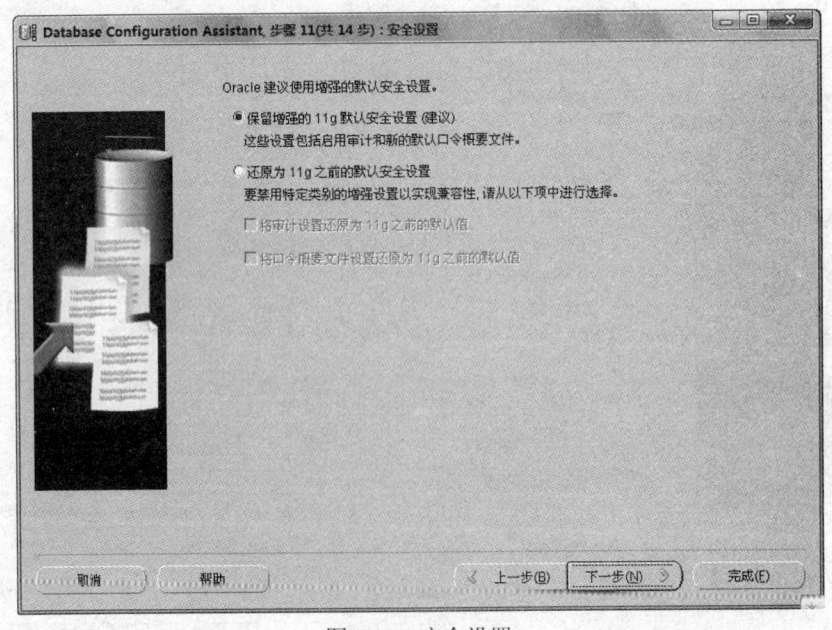

图 1-23　安全设置

（13）如图 1-24 所示，在自动维护任务界面中，使用默认选项，单击"下一步"按钮。

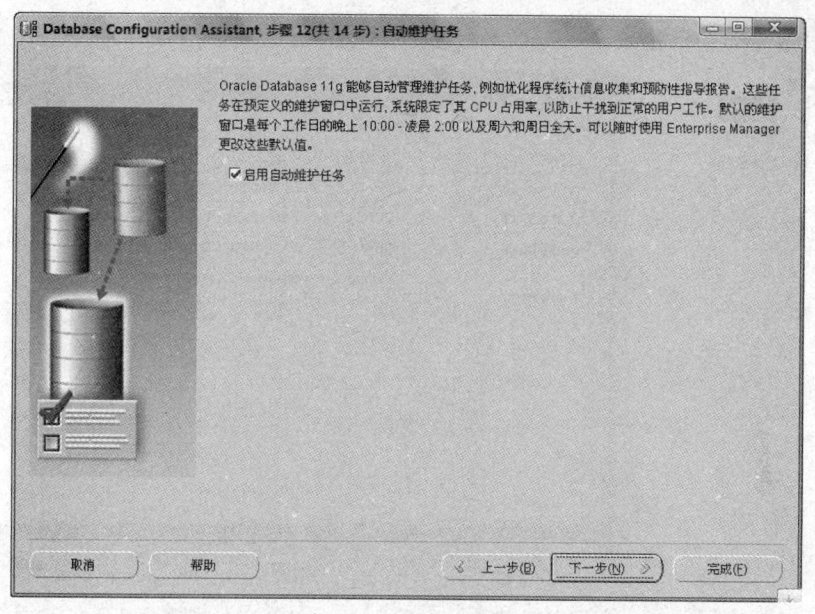

安装 Oracle 11g 数据库服务器　　第 1 章

图 1-24　自动维护任务

（14）在数据库存储界面，可以指定用于创建数据库的存储参数。该页显示树列表和概要视图（多栏列表）以允许用户更改并查看待创建数据库的控制文件、数据文件和重做日志文件的相关信息，如图 1-25 至图 1-30 所示。单击"文件位置变量"按钮后，如图 1-29 所示，单击"确定"按钮后，返回原界面，单击"下一步"按钮。

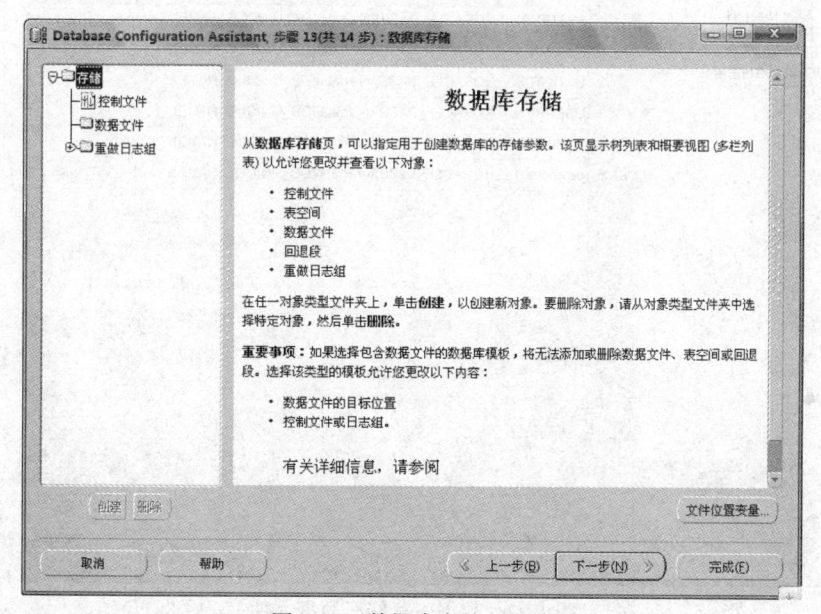

图 1-25　数据库存储－存储

17

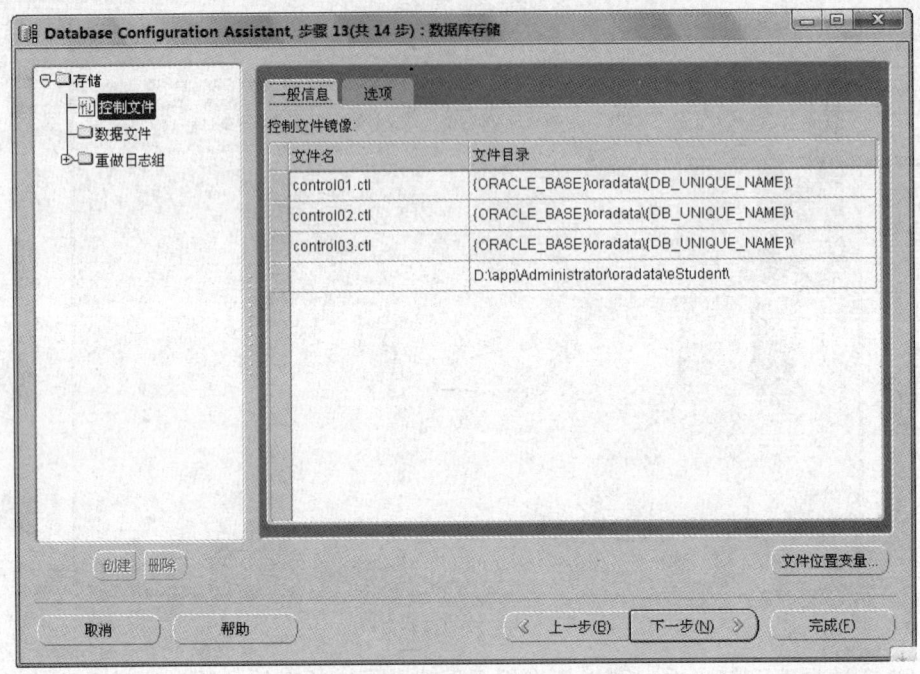

图 1-26 数据库存储－控制文件

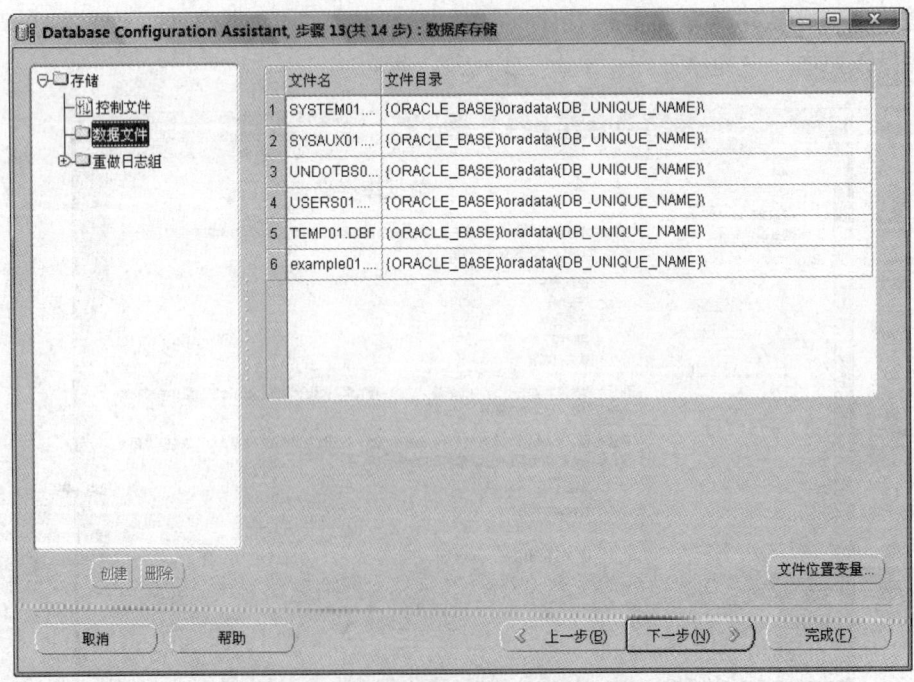

图 1-27 数据库存储－数据文件

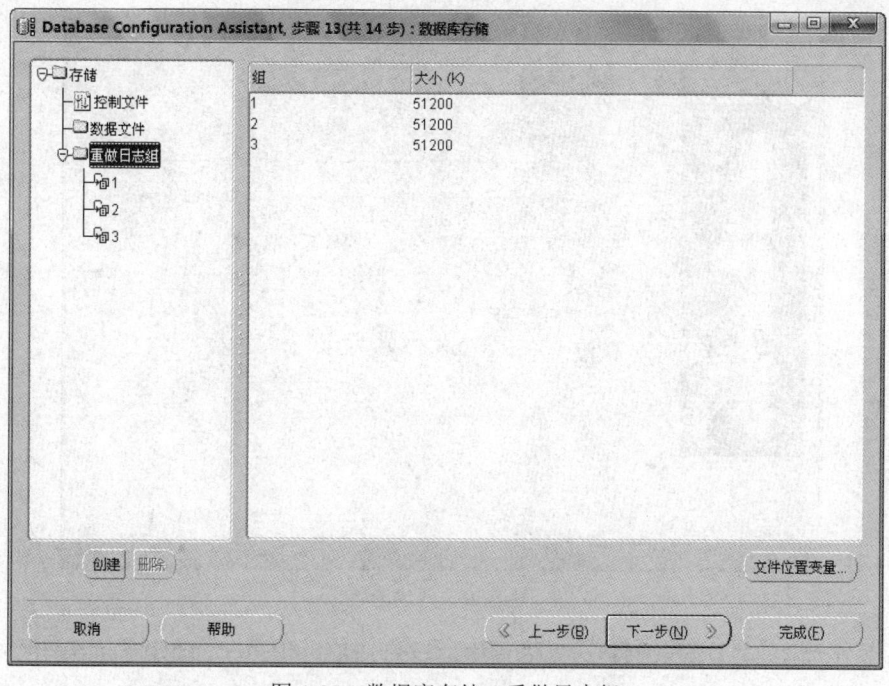

图 1-28 数据库存储-重做日志组

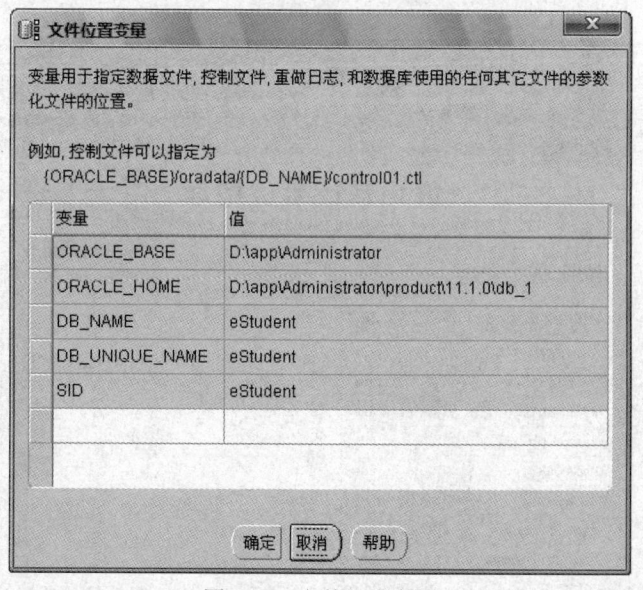

图 1-29 文件位置变量

（15）如图 1-30 所示，在创建选项界面中，选择数据库创建选项，默认选择"创建数据库"，单击"完成"按钮。

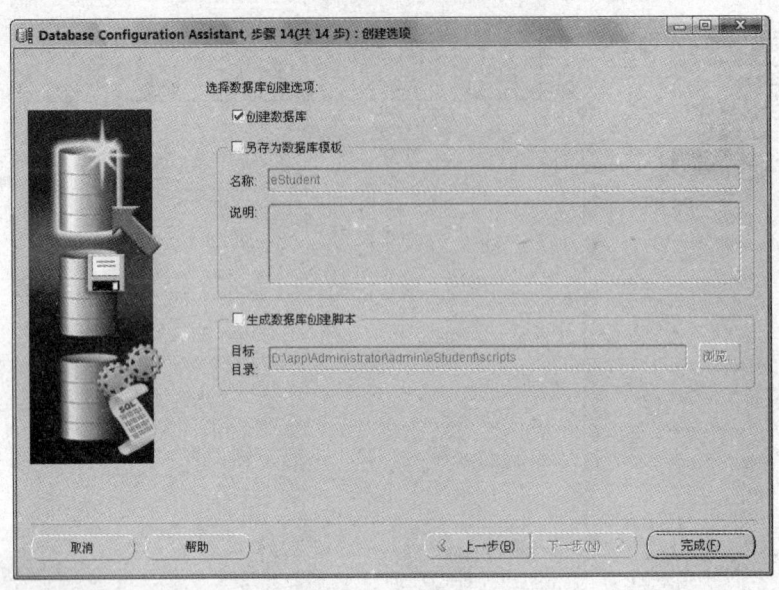

图 1-30　创建选项

（16）在如图 1-31 所示"确认"界面中，该对话框内指出了即将进行的操作，以及待创建数据库的详细资料，单击"另存为 HTML 文件"按钮，可以将数据库的详细资料以 HTML 文件的形式保存起来，单击"确定"按钮。

图 1-31　确认

（17）如图 1-32 所示，进行"复制数据库文件""创建并启动 Oracle 实例"及"进行数据库创建"操作。

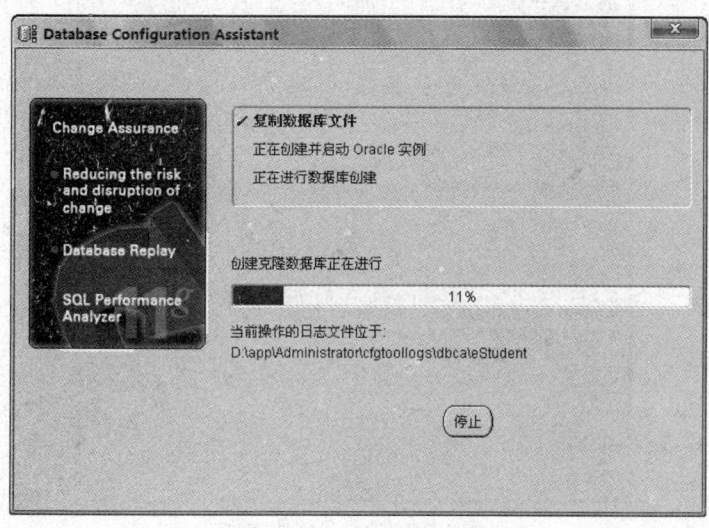

图 1-32　创建数据库过程

（18）数据库创建完成，单击"口令管理"按钮，如图 1-33 所示。

图 1-33　口令管理

（19）如图 1-33 所示，对 SCOTT 账户解锁并设置口令。在 Oracle 11g 中，SCOTT 账户默认是锁定的，如果要像以前一样使用 SCOTT 账户进行登录，需要对 SCOTT 账户进行解锁。在"口令管理"页面中，将"是否锁定账户？"的"√"去掉，在口令设置中输入口令（在此设成低版本中的 tiger 作为密码），单击"确定"按钮。

（20）单击图 1-34 中的"退出"按钮，完成 Oracle 11g 数据库的全部安装工作，全局数据库名和 SID 均为 eStudent 的数据库创建成功。

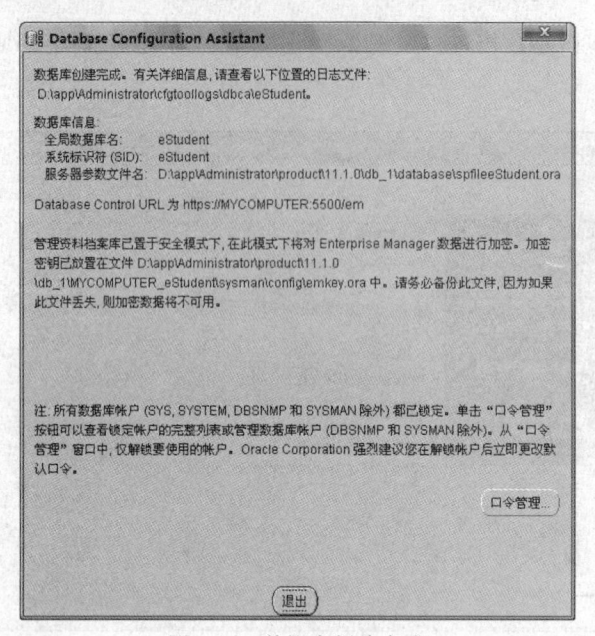

图 1-34　数据库创建完成

1.3.2　数据库的删除

【例 1.2】使用 DBCA 删除数据库 XSCJ。

（1）在"开始"菜单中选择"开始"→"程序"→Oracle 11g_home1→Configuration and Migration Tools→Database Configuration Assistant 命令，启动 DBCA，启动完成后自动进入"欢迎使用"界面，单击"下一步"按钮，如图 1-35 所示。

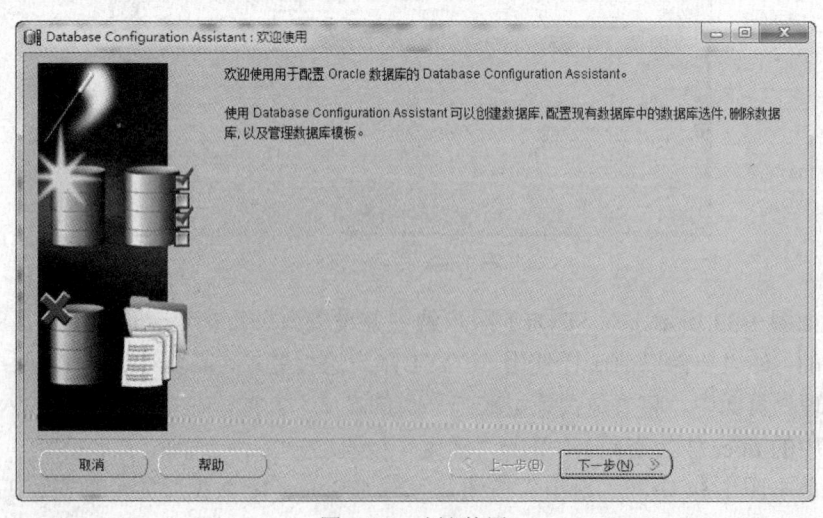

图 1-35　欢迎使用

（2）如图 1-36 所示，选择"删除数据库"操作，单击"下一步"按钮。

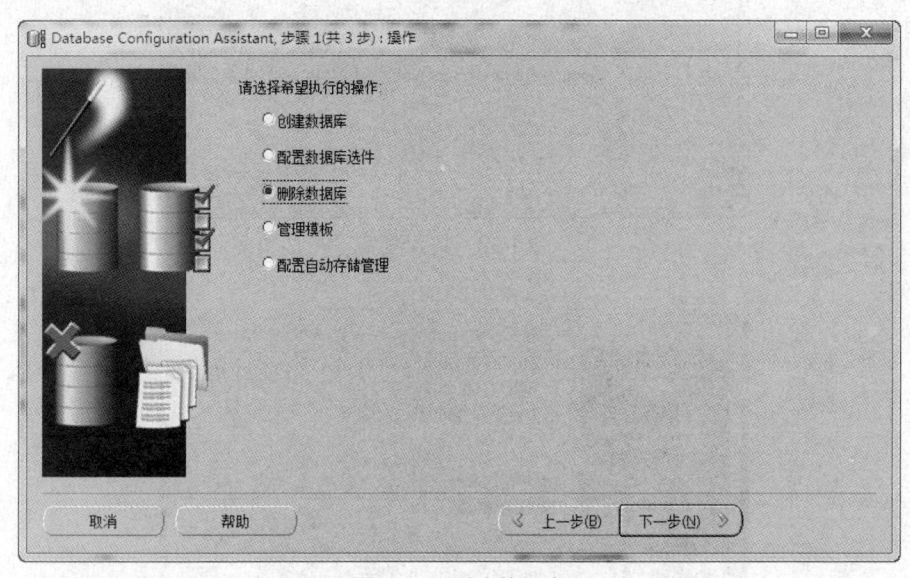

图 1-36　删除数据库

（3）如图 1-37 所示，选择要删除的数据库，单击"完成"按钮。

图 1-37　选择要删除的数据库

（4）如图 1-38 所示，单击"是"按钮，将依次经过连接到数据库、更新网络配置文件以及删除实例和数据文件等步骤，如图 1-39 所示。

图 1-38 是否继续

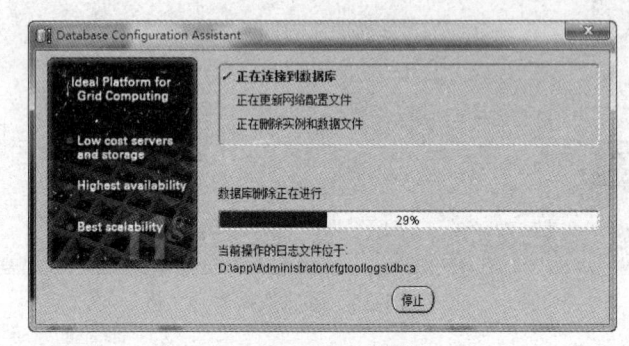

图 1-39 正在删除

（5）删除过程结束后，XSCJ 数据库被成功删除，最后弹出一个是否要执行其他操作对话框。如果需要使用 DBCA 执行其他操作，单击"是"按钮，回到图 1-30 界面，否则单击"否"按钮，如图 1-40 所示。

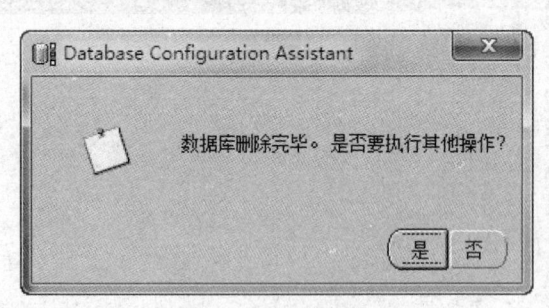

图 1-40 删除完毕

1.3.3 数据库的修改

数据库创建后，经常会由于种种原因需要修改某些属性。数据库文件和日志文件名一般就不再改变了。对已存在的数据库可以进行以下几个方面的修改。

（1）增加或删除数据文件。

（2）改变数据文件的大小和增长方式。

(3) 改变日志文件的大小和增长方式。

修改数据库主要在 OEM 中进行。

(1) 从开始菜单依次单击"程序"→Oracle-OraDb 11g_home→Database Control-XSCJ，在登录界面中输入用户名、口令并选择连接身份为 SYSDBA，单击"登录"按钮，如图 1-41 所示。

图 1-41　登录 OEM

(2) 如图 1-42 所示，单击 OEM 菜单列表中的"服务器"。

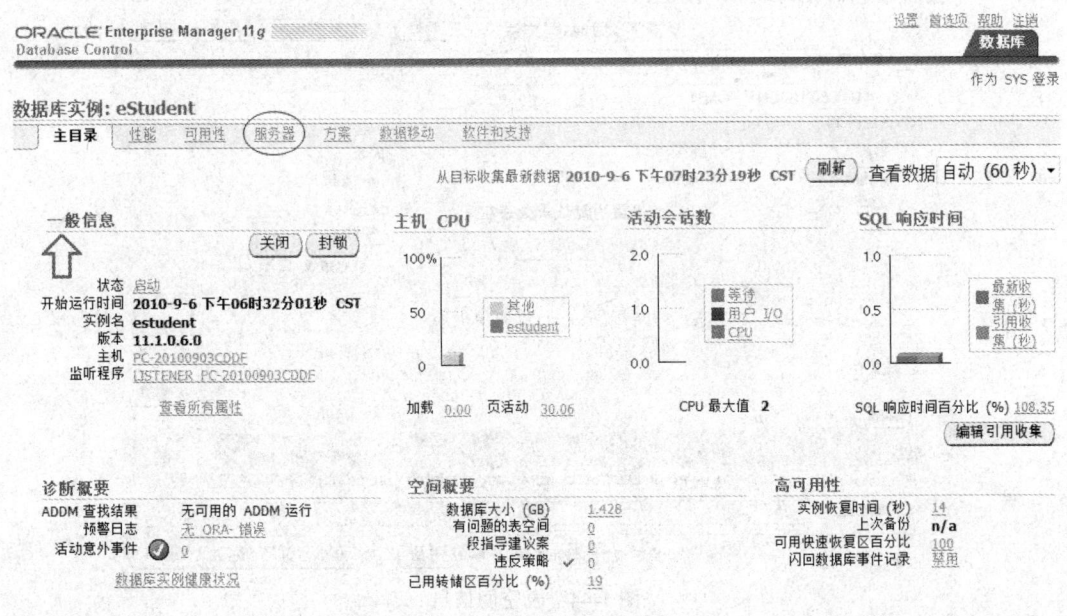

图 1-42　服务器选项页面

(3) 如图 1-43 所示，单击"服务器"选项卡"存储"选项组下的"表空间"选项。

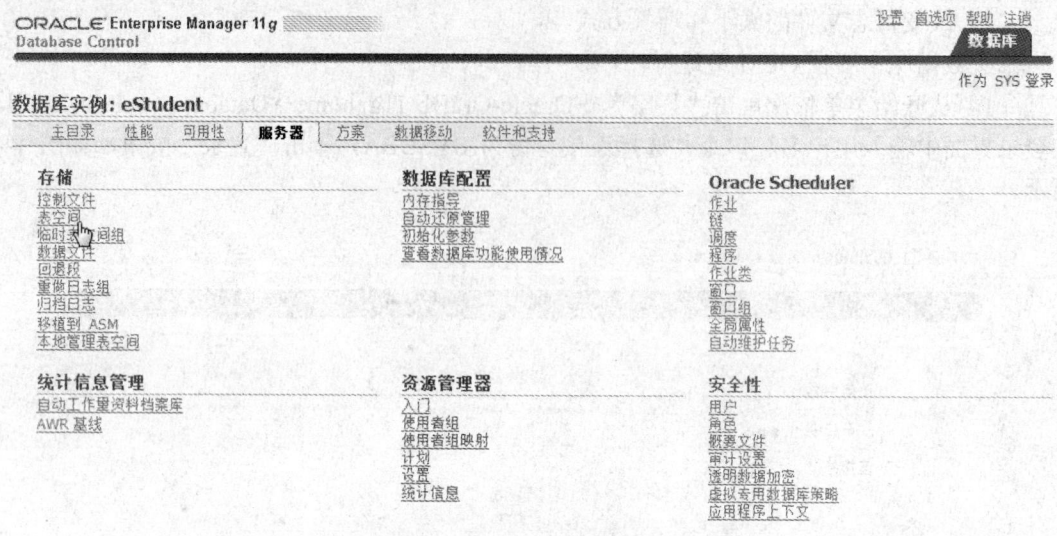

图 1-43　单击"表空间"

（4）在如图 1-44 所示"表空间"页面中选择要修改的表空间，单击"编辑"按钮。

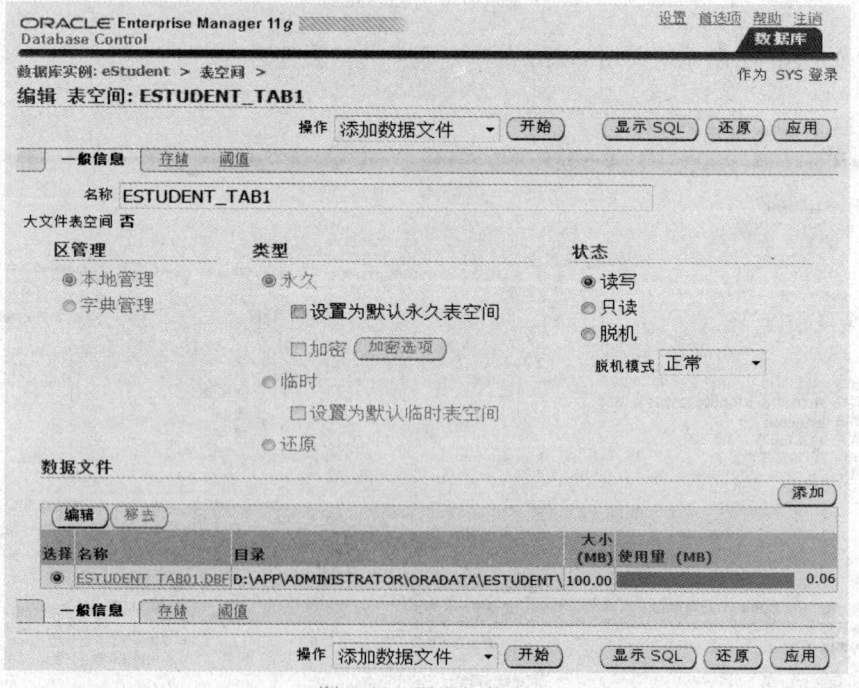

图 1-44　表空间信息

（5）在"编辑表空间"页面中，能够管理数据文件、区、表空间类型与状态等信息，如图 1-45 所示。

图 1-45　编辑表空间

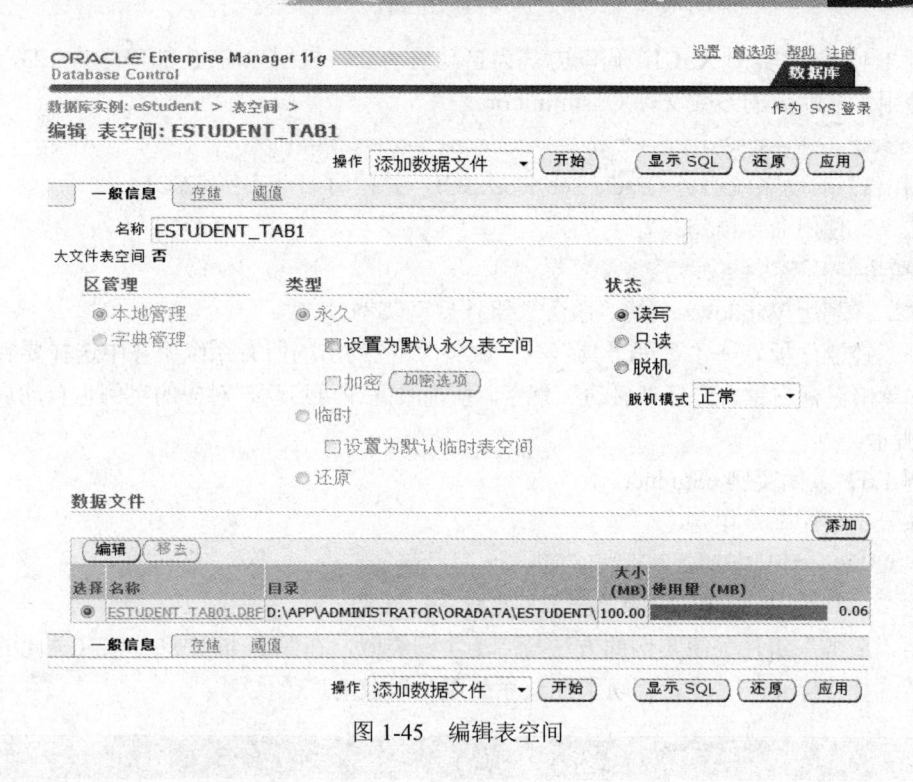

1.4　用命令方式建数据库

1.4.1　创建数据库

本节主要介绍使用 PL/SQL 创建数据库 XSCJ1。

【例 1.3】创建 XSCJ1 数据库的文本参数文件。

```
db_name=eStudent1
db_domain=""
dispatchers="（PROTOCOL=TCP）（SERVICE=eStudent1XDB）"
audit_file_dest= D:\app\Administrator\product\11.1.0\db_1\eStudent1
remote_login_passwordfile=EXCLUSIVE
processes=150
undo_tablespace=UNDOTBS1
control_files=（"D:\app\Administrator\oradata\eStudent1\control01.ctl",
"
D:\app\Administrator\oradata\eStudent1\control02.ctl"）
audit_trail=db
memory_target=1717567488
db_block_size=8192
open_cursors=300
```

注意：在该文本参数文件中出现的所有目录都需要手工创建，并确保 Oracle 用户对目录有写权限。

【例 1.4】创建实例 XSCJ，启动方式为自动启动，特权用户 SYS 的口令为 123，在创建实例时使用了非默认的参数文件 C:\stu\init.ora。

`C:\>oradim –new –sid eStudent –intpwd 123 –startmode a –pfile c:\stu\init.ora`

【例 1.5】启动系统服务 Oracle Service XSCJ，并同时启动实例 XSCJ。

方法一：使用命令语句。

`C:\>net start OracleServiceeStudent`

方法二：利用 Windows 中的"服务"组件启动实例。

打开"控制面板"→"管理工具"→"服务"，在列出的所有系统服务中选择要启动的系统服务，单击鼠标右键，选择"启动"命令，系统服务即可启动，对应的实例也自动启动，如图 1-46 所示。

【例 1.6】关闭实例 eStudnet。

方法一：使用命令语句。

`C:\>oradim –shutdown –sid eStudent`

方法二：利用 Windows 中的"服务"组件关闭实例。

利用"服务"组件关闭实例的方法与启动实例类似，在图 1-46 中选择需要关闭的系统服务，之后选择"停止"命令，即可关闭该系统服务以及对应的实例。

图 1-46 利用 Windows 中的"服务"组件启动实例

【例 1.7】 删除实例 XSCJ。

```
C:\>oradim –delete –sid eStudent
```

【例 1.8】 为实例 XSCJ 创建口令文件。

```
C:\>orapwdfile=D:\app\Administrator\product\11.1.0\db_1\database\orapwestudent.ora password=123 entries=30
```

【例 1.9】 在 Windows 系统中启动实例 XSCJ，并使用 CREATE DATABASE 语句创建 XSCJ 数据库。

在创建数据库前，需要设置系统变量 ORACLE_SID 的值，并确保实例已经启动，之后以 SYS 用户或者其他具有 SYSDBA 权限的用户连接实例，将实例启动到 NOMOUNT 状态。

（1）启动实例。

```
C:\>set ORACLE_SID=eStudent
C:\>oradim –startup –sid eStudent
C:\>sqlplus sys/123 as sysdba
SQL>STARTUP NOMOUNT pfile='c:\init.ora'
```

（2）使用 CREATE DATABASE 创建数据库。

```
SQL>CREATE DATABASE eStudent
    MAXINSTANCES 1
    MAXLOGFILES 5
    MAXLOGMEMBERS 5
    MAXLOGHISTORY 1
    MAXDATAFILES 100
    LOGFILE GROUP 1（'D:\app\Administrator\oradata\eStudent\redo01.log'）SIZE 100M,
    LOGFILE GROUP 2（'D:\app\Administrator\oradata\eStudent\redo02.log'）SIZE 100M,
    LOGFILE GROUP 3（'D:\app\Administrator\oradata\eStudent\redo03.log'）SIZE 100M,
    DATAFILE 'D:\app\Administrator\oradata\eStudent\system01.dbf' SIZE 350M REUSE
EXTENT MANAGEMENT LOCAL SYSAUX DATAFILE ' D:\app\Administrator\ oradata\
eStudent\sysaux01.dbf' SIZE 350M REUSE DEFAULT TEMPORARY TABLESPACE tempts1
TEMPFILE 'D:\app\Administrator\oradata\eStudent\temp01.dbf' SIZE 20M REUSE UNDO
TABLESPACE undotbs DATAFILE 'D:\app\Administrator\oradata\eStudent\ undotbs01.dbf'
SIZE 200M REUSE AUTOEXTEND ON MAXSIZE UNLIMITED
    CHARACTER SET US7ASCII
    NATIONAL CHARACTER SET AL16UTF16;
```

说明：XSCJ 为数据库名，它必须与初始化参数 DB_NAME 的值一致。

【例 1.10】 创建数据字典视图。

```
SQL>D:\app\Administrator\product\11.1.0\db_1\RDBMS\ADMIN\catalog.sql
SQL>D:\app\Administrator\product\11.1.0\db_1\RDBMS\ADMIN\cataproc.sql
```

【例 1.11】 创建服务器参数文件 spfileXSCJ.ora。

```
SQL>CREATESPFILE='D:\app\Administrator\product\11.1.0\db_1\database\spfileeStudent.ora' FROM PFILE='D:\app\Administrator\product\11.1.0\db_1\dbs\init.ora'
```

1.4.2 使用 PL/SQL 删除数据库 XSCJ

使用 PL/SQL 删除数据库 XSCJ 的语句如下：

```
DROP DATABASE eStudent;
```

1.5 使用企业管理器 OEM

Oracle 11g 企业管理器（Oracle Enterprise Manager）简称 OEM，是一个基于 Java 的框架程序系统，该系统集成了多个组件，为用户提供了一个功能强大的图形用户界面。OEM 提供可以用于管理单个 Oracle 数据库的基于 Web 的应用，它对数据库的访问也采用了 HTTP/HTTPS 协议，即使用 B/S 模式访问 Oracle 数据库管理系统。

使用 OEM 工具可以创建方案对象（表、视图等）、管理数据库的安全性（权限、角色、用户等）、管理数据库的内存和存储结构、备份和恢复数据库、导入和导出数据、以及查询数据库的执行情况和状态。

1.5.1 使用 OEM 管理表空间

【例 1.12】创建表空间。

（1）从"开始"菜单依次单击"程序"→Oracle – OraDb11g_home→Database Control-XSCJ，在登录界面中输入用户名、口令并选择连接身份为 SYSDBA，单击"登录"按钮，如图 1-47 所示。

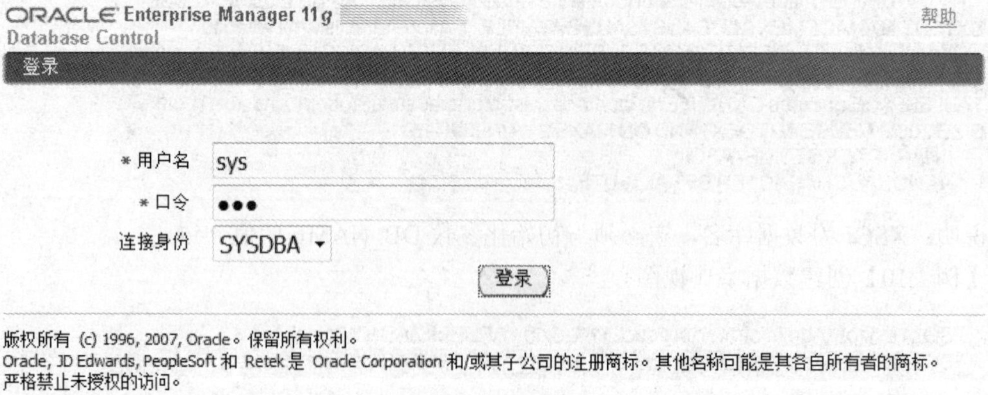

图 1-47 登录 OEM

（2）如图 1-48 所示，单击 OEM 菜单列表中的"服务器"。

图 1-48　单击"服务器"

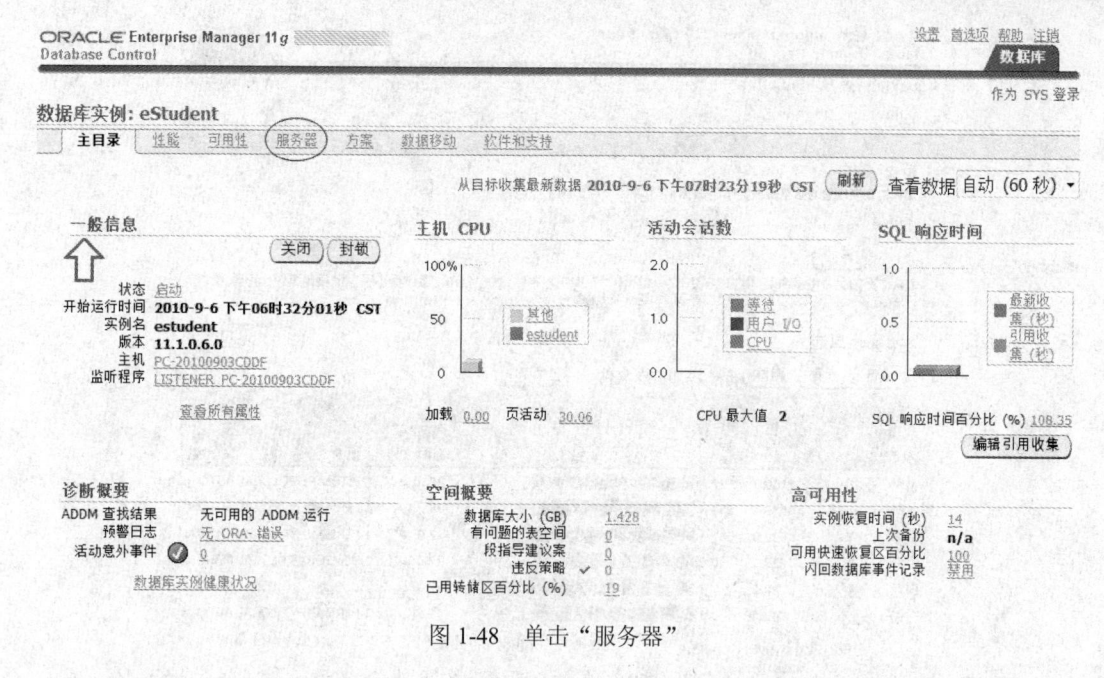

（3）如图 1-49 所示，单击"服务器"选项卡"存储"选项组下的"表空间"选项。

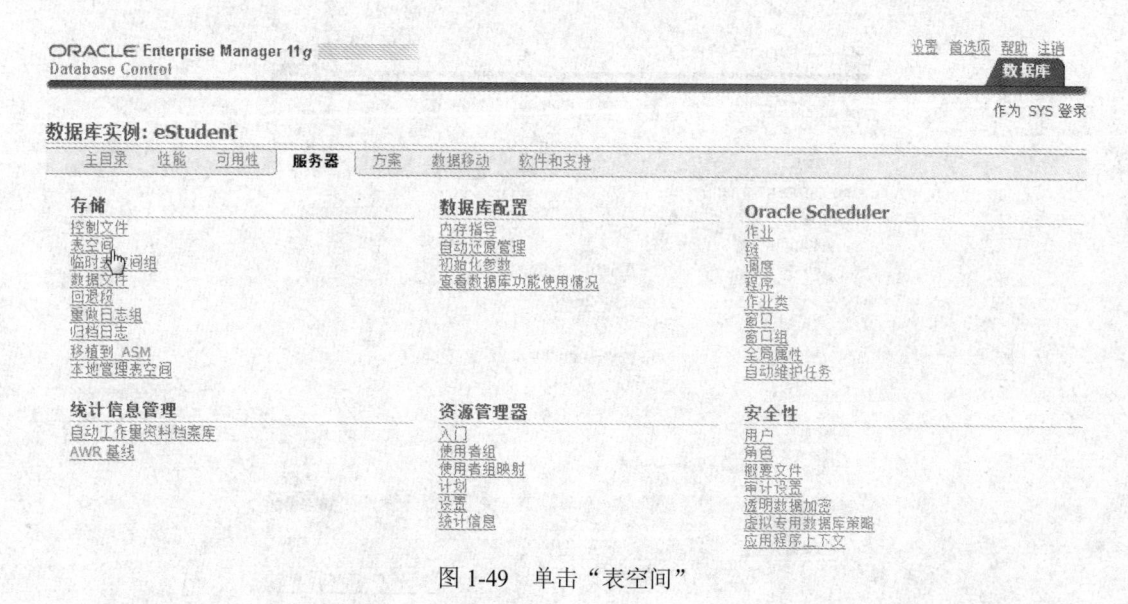

图 1-49　单击"表空间"

（4）如图 1-50 所示，单击"创建"按钮。
（5）如图 1-51 所示，在"创建 表空间"页面中，指定表空间的名称、区管理、类型及状态，单击"数据文件"选项组下的"添加"按钮，为表空间创建至少一个数据文件。

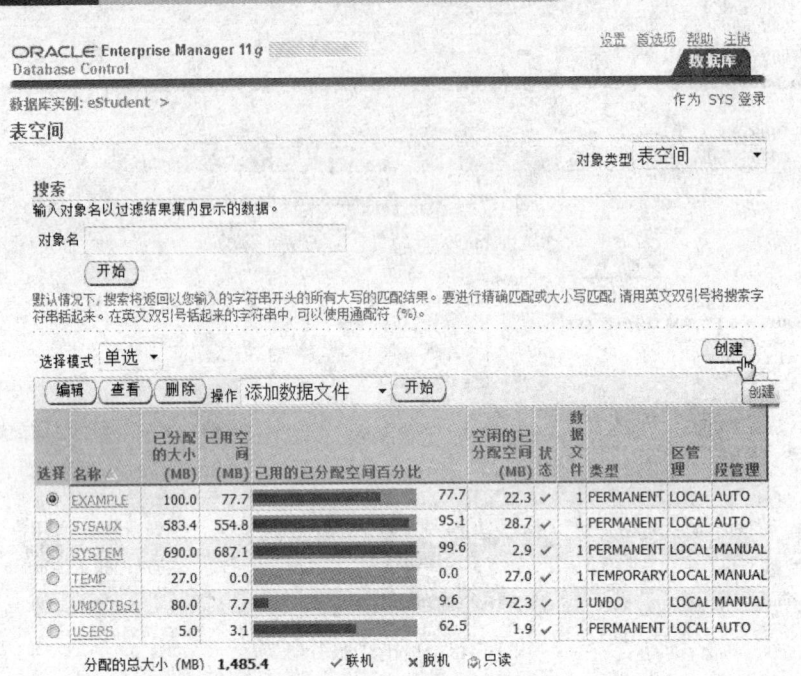

图 1-50　单击"创建"按钮

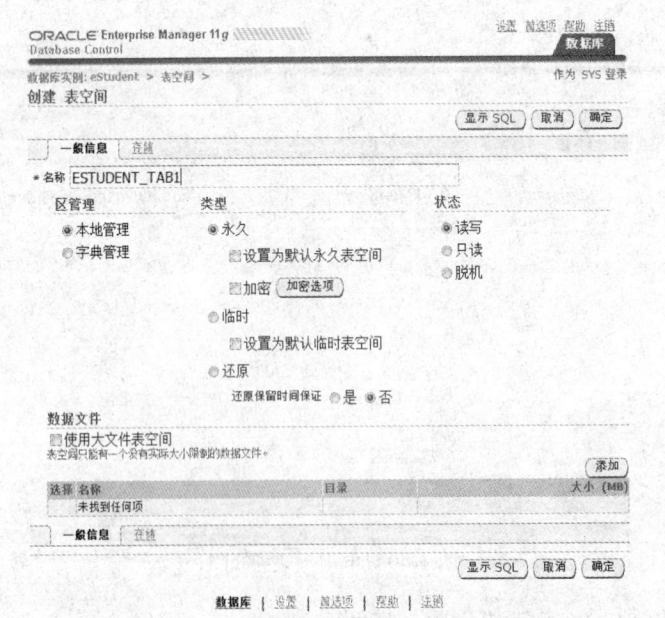

图 1-51　创建 表空间

（6）如图 1-52 所示，指定添加数据文件的文件名、文件目录、文件大小及存储参数等，单击"继续"按钮。

安装 Oracle 11g 数据库服务器　第 1 章

图 1-52　添加数据文件

（7）如图 1-53 所示，在"创建 表空间"页面的"存储"选项卡中，设置区分配、段空间管理及压缩选项等，单击"确定"按钮，完成表空间的创建。

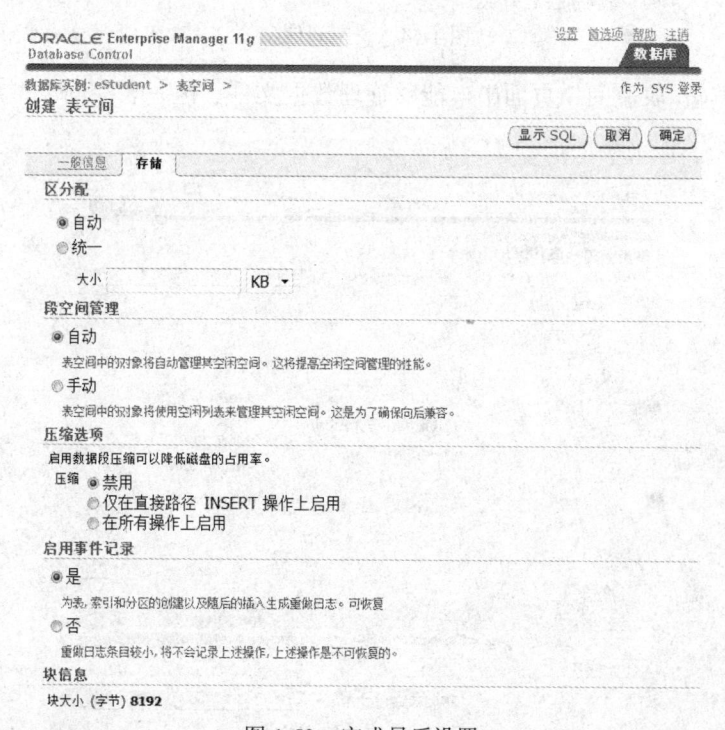

图 1-53　完成最后设置

33

1.5.2 修改表空间

（1）在如图 1-54 所示"表空间"页面中选择要修改的表空间，单击"编辑"按钮。

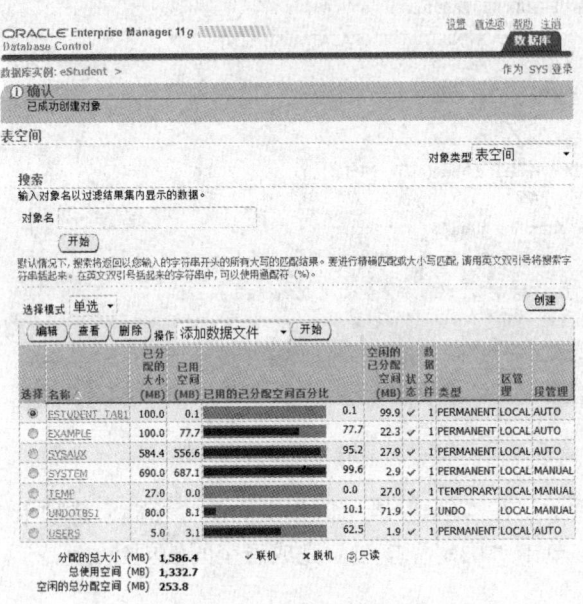

图 1-54　表空间信息

（2）在"编辑 表空间"页面中，能够管理数据文件、区、表空间类型与状态等信息，如图 1-55 所示。

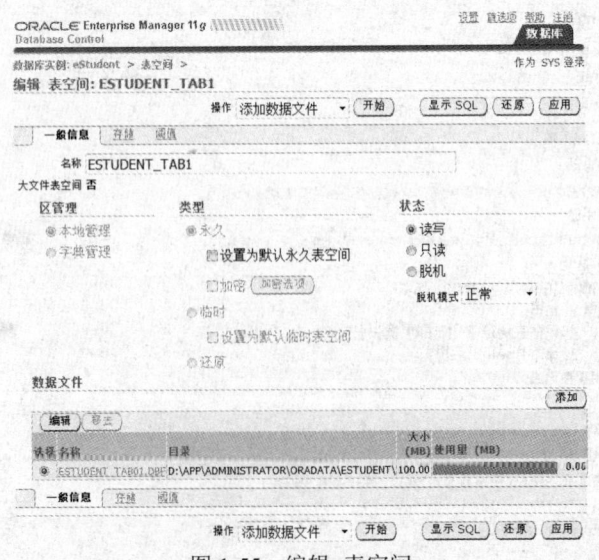

图 1-55　编辑 表空间

1.5.3 删除表空间

若要删除表空间，在图 1-54 中选择要删除的表空间后，单击"删除"按钮，在"警告"页面中，单击"是"按钮完成表空间的删除，如图 1-56 所示。

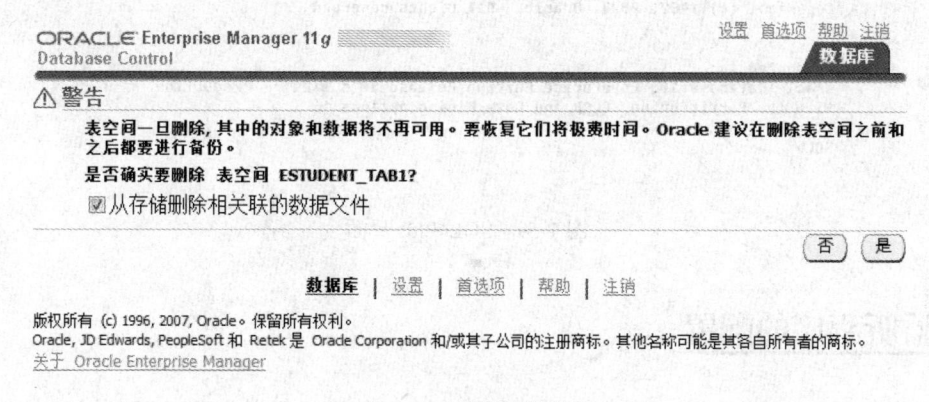

图 1-56　删除表空间

1.6　使用 SQL*Plus 工具

SQL Plus 有两种模式，一种为命令模式，另一种为 GUI 模式。这两种方式具有相同的功能，但是 GUI 模式的用户界面更加友好。使用 SQL*Plus，用户可定义和操作 Oracle 关系数据库的数据，不再需要在传统数据库系统中必须使用的大量数据检索工作。

启用 SQL Plus 程序组中启用 SQL*Plus 的方法为：依次打开"开始"→"程序"→Oracle 11g_home1→Application Development→SQL*Plus 命令进入 SQL*Plus 登录界面，如图 1-57 所示。

在登录页面分别输入 User Name（用户名）、Password（口令）、Host String（连接到），如图 1-58 所示。

图 1-57　SQL Plus 登录界面　　　　图 1-58　输入信息

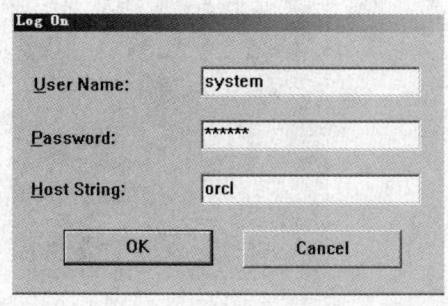

输入完毕后登录点击"OK"按钮显示如图 1-59 所示。

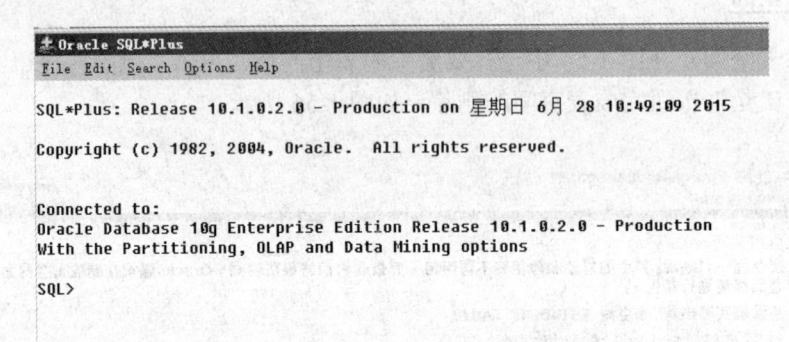

图 1-59　SQL*Plus 界面

1.7　监听程序的配置

监听程序（监听器）是 Oracle 基于服务器端的一种网络服务。监听程序创建在数据库服务器中，主要作用是监视客户端的连接请求，并将请求转发给服务器。Oracle 监听程序总是存在于数据库服务器端，因此在客户端创建监听程序毫无意义。Oracle 监听程序是基于端口的，也就是说，每个监听程序会占用一个端口。配置监听程序的步骤如下。

（1）在 Windows 任务栏中依次选择"开始"→"程序"→Oracle 11g Home→Configuration and Migration Tools→Net Configuration Assistant 命令，将出现网络配置助手的欢迎界面，如图 1-60 所示。

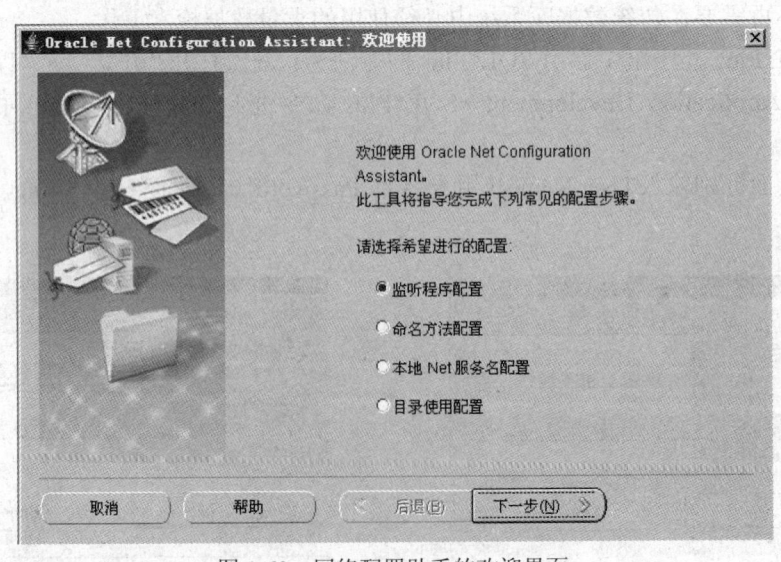

图 1-60　网络配置助手的欢迎界面

（2）选择"监听程序配置"单选按钮，并单击"下一步"按钮，将进入监听程序配置界面，如图 1-61 所示。

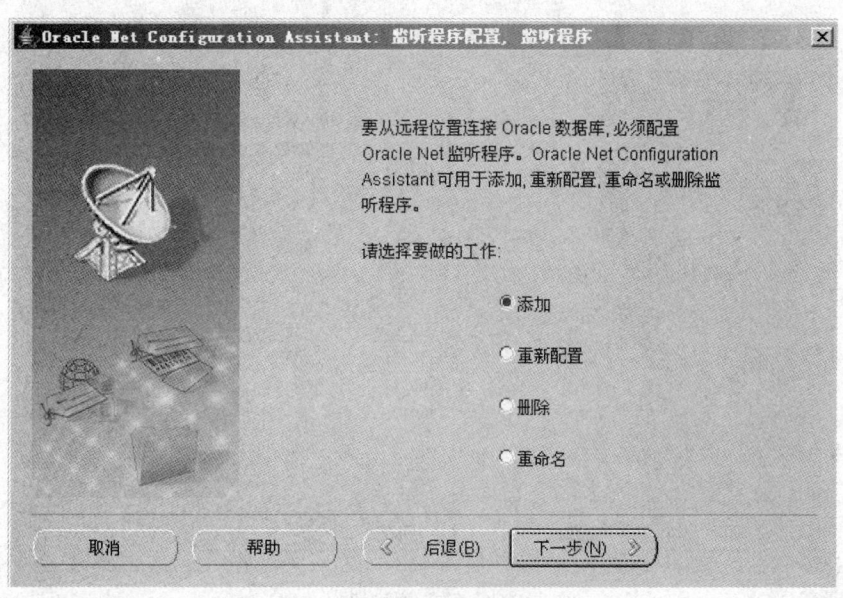

图 1-61　选择监听配置工作

（3）在工作选择界面中，选择"添加"单选按钮，并单击"下一步"按钮，将进入监听程序名配置界面，如图 1-62 所示。

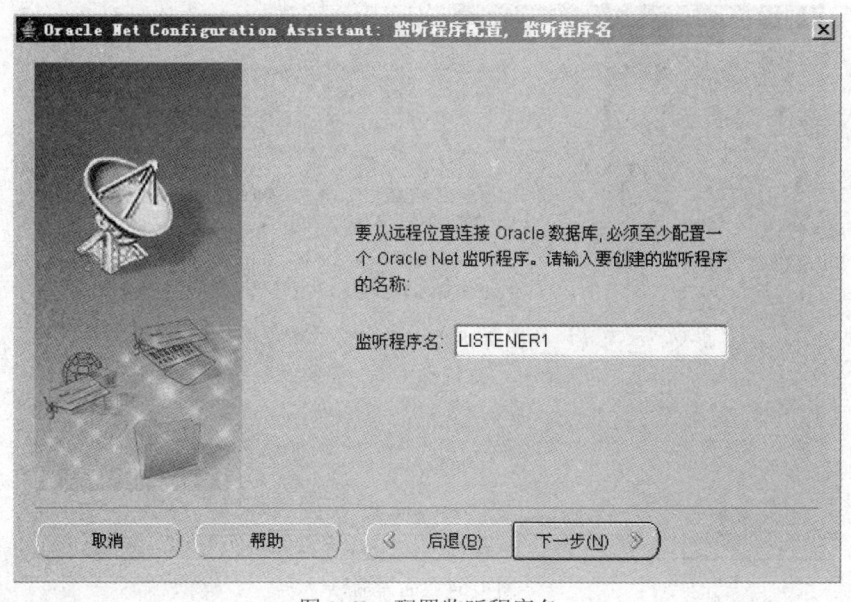

图 1-62　配置监听程序名

（4）为监听程序输入名称，例如"LISTENER1"。单击"下一步"按钮，将进入协议选择界面，如图 1-63 所示。

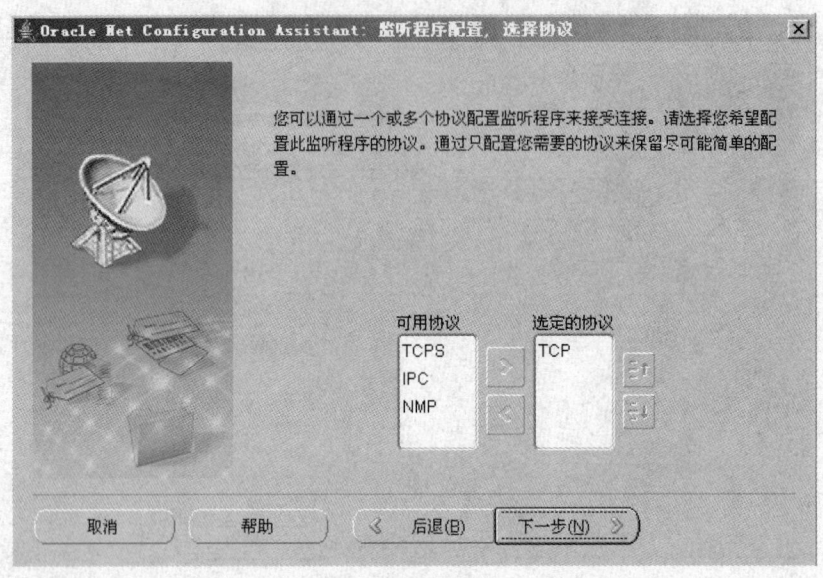

图 1-63　选择协议

（5）在协议选择界面中，保持默认的 TCP 协议即可，单击"下一步"按钮，将进入端口选择界面，如图 1-64 所示。

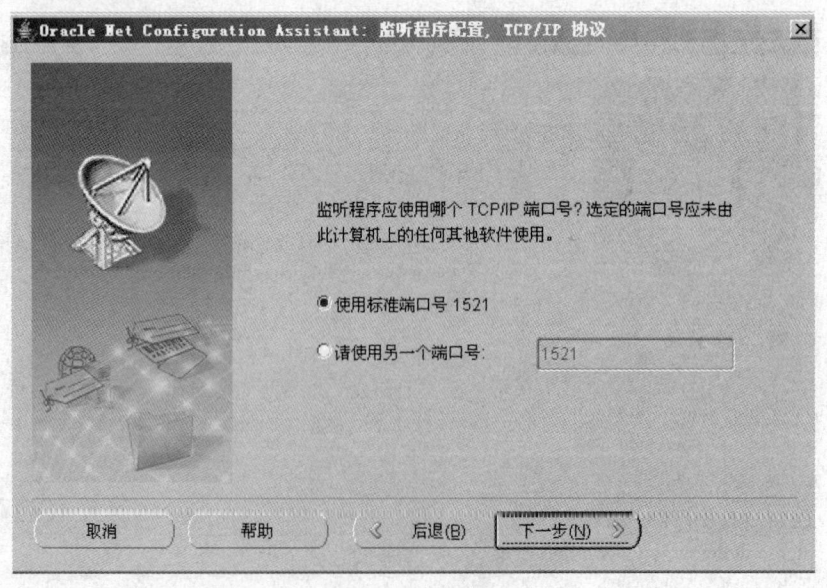

图 1-64　选择端口

（6）在端口选择界面中，使用默认的 1521 端口。单击"下一步"按钮，将进入更多监听程序的选择界面，如图 1-65 所示。

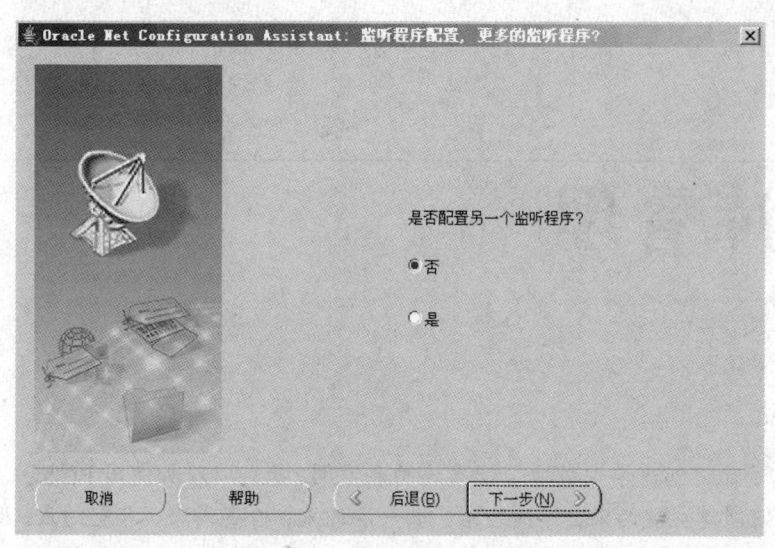

图 1-65　更多监听程序配置

（7）在"是否配置另一个监听程序"选项中，选择"否"单选按钮。单击"下一步"按钮，将进入监听程序配置完成界面，如图 1-66 所示。

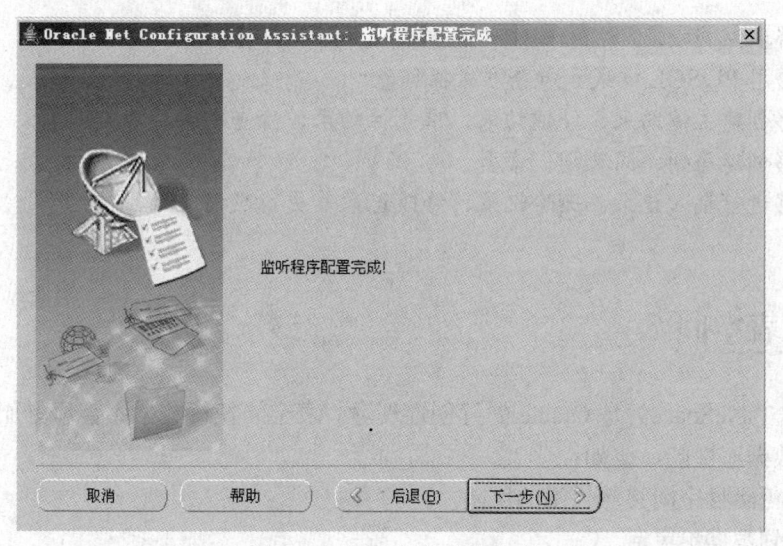

图 1-66　监听程序配置成功

（8）在监听程序配置成功之后，需要关注的是操作系统中服务与 Oracle 安装目录文件下的变化。在操作系统的服务中，将会看到有关于新建监听的服务自动启动。

2 数据库管理

知识提要：

本章介绍了如何创建学生成绩管理系统的表空间、表，以及如何用 PL/SQL 方式和命令方式操作表，如何创建主键约束、外键约束、唯一性约束、检查约束、非空约束，如何创建序列、同义词，还介绍了索引简介、索引的分类、创建索引，最后介绍如何进行插入记录、删除记录、修改记录等更新数据库的操作。

教学目标：

- 了解表空间；
- 能够用 PL/SQL 方式和命令方式操作表；
- 能够创建主键约束、外键约束、唯一性约束、检查约束、非空约束；
- 能够创建序列、同义词、索引；
- 能够进行插入记录、删除记录、修改记录等更新数据库的操作。

2.1 创建表空间

表空间（TableSpace）是 Oracle 的开创性理念。表空间使得数据库管理更加灵活，而且极大地提高了数据库性能，比如：
（1）避免磁盘空间突然耗竭的风险。
（2）规划数据更灵活。
（3）提高数据库性能。
（4）提高数据库安全性。
下面进行具体的介绍。

（1）创建一个简单的表空间。

Create tablespace user1 datafile 'e:\database\oracle\user1_data.dbf' size 200M;

```
SQL> create tablespace user1 datafile 'e:\database\oracle\user1_data.dbf' size 2
00M;

Tablespace created.

SQL>
```

（2）指定数据文件的可扩展性。

Create tablespace user2 datafile 'e:\database\oracle\user2_data.dbf' size 200M autoextend on;

```
SQL> create tablespace user2 datafile 'e:\database\oracle\user2_data.dbf' size 2
00M autoextend on;

Tablespace created.

SQL>
```

（3）指定数据文件的增长幅度。

Create tablespace user3 datafile 'e:\database\oracle\user3_data.dbf' size 200M autoextend on next 5M;

```
SQL> create tablespace user3 datafile 'e:\database\oracle\user3_data.dbf' size 2
00M autoextend on next 5M;

Tablespace created.

SQL>
```

（4）指定数据文件的最大尺寸。

Create tablespace user4 datafile 'e:\database\oracle\user4_data.dbf' size 200M autoextend on next 5M Maxsize 500M;

```
SQL> create tablespace user4 datafile 'e:\database\oracle\user4_data.dbf' size 2
00M autoextend on next 5M Maxsize 500M;

Tablespace created.

SQL>
```

2.2 创建表

Oracle 表空间的下一层逻辑结构即为数据表。数据表也是各种数据库中共有的、开发人员和 DBA 最常打交道的数据库对象，本节着重介绍如何创建 Oracle 数据表。

2.2.1 PL/SQL 方式操作表

很多数据库管理工具都提供了图形化界面来创建数据表，如 MS SQL Server 企业管理器。

针对 Oracle 数据库，PL/SQL Developer 是一个不错的选择。利用 PL/SQL 工具创建数据表，操作简单、直观、易于掌握。

用 PL/SQL Developer 创建数据表的步骤如下："打开文件"→"新建"→"表"命令（如图 2-1 所示），进入创建界面，创建数据库名称，添加数据列，设置类型，然后单击"应用"按钮创建数据库。

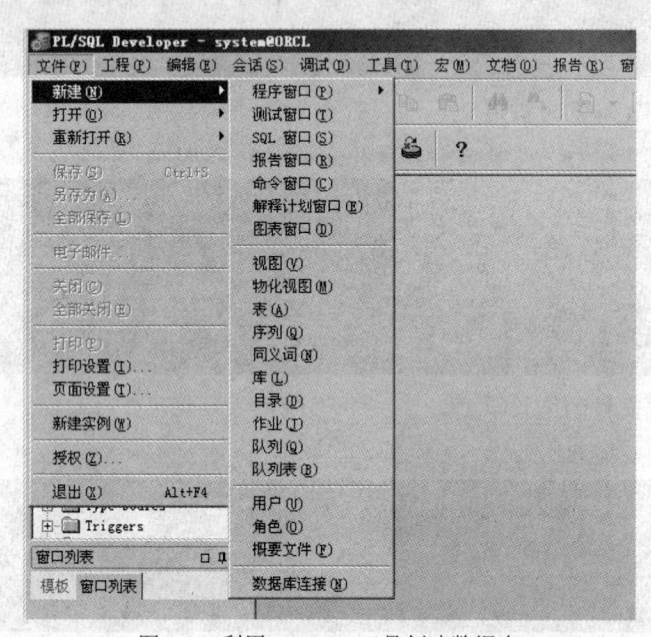

图 2-1　利用 PL/SQL 工具创建数据表

2.2.2　命令方式操作表

利用命令同样可以创建数据表，其效果与利用工具完全相同。

Create table cjb (c_xh char(10),c_kch char(10),c_cj float)

创建成功后可以用 Describe cjb 命令查看创建的数据库结构。

2.3　用约束保障数据的完整性

约束是每个数据库必不可少的一部分。约束的根本目的在于保持数据的完整性。数据完整性是指数据的精确性和可靠性。即数据库中的数据都是符合某种预定义规则。当用户输入的数据不符合这些规则时，将无法实现对数据库的更改。

主键约束：主键约束是数据库中最常见的约束。主键约束可以保证数据完整性。即防止数据表中的两条记录完全相同，通过将主键纳入查询条件，可以达到查询结果最多返回一条记录的目的。

外键约束：外键与主键一样用于保证数据完整性，主键是针对单个表的约束，而外键则描述了表之间的关系。即两个表之间的数据的相互依存性。

唯一性约束：唯一性约束与主键一样，用于唯一标识一行。使用唯一性约束的列或列的组合，其值或值的组合必须是唯一的。

检查约束：在前面介绍的约束（主键、外键、唯一性约束）实际在定义多个列值之间的关系，例如，主键和唯一性都约束表中的两个列值或列值组合不能相同，而外键则约束了两个表之间的数据保持父子关系。检查约束则是针对列值本身进行限制。

默认值约束：默认值约束也是数据库中常用约束。当向数据表中插入数据时，并不总是将所有字段一一插入。对于某些特殊字段，其值总是固定或者差不多的。用户希望如果没有显式指定值，就使用某个特定的值进行插入，即默认值。为列指定默认值的操作即为设置默认值约束。

2.3.1 主键约束的创建

主键被创建在一个或多个列上，通过这些列的值或者值的组合，唯一地标识一条记录。例如，对于存储了学生信息的 student 表，一般会为每个学生分配一个 student_id，也就是说将主键建立在 student_id 这个列上。student_id 将成为每个学生的唯一标识。当向 student 表中插入新的学生信息时，如果要插入的 student_id 已经存在，数据库将拒绝插入该条记录。这就是主键保证数据完整性的体现。对于主键，有以下几点需要注意。

- 主键列的数据类型并不一定是数值型。
- 主键列不一定只有一列。
- 主键是规则制定者的主观体现，不要将其与现实世界混淆。

1. 创建主键约束

创建主键约束：

Create table xsb(c_xh char(10),c_xm char(12),c_xb char(6),c_csrq date,c_zy char(16),c_xf float,c_bz char(40),primary key(c_xh));

查看主键约束：

Select table_name,constraint_name,constraint_type,status user_constraints where table_name='XSB';

2. 测试主键约束

插入一行数据：

Insert into xsb values ('101101','张 1','男',to_date('1-01-1981 00:00:00','DD-MM-YYYY HH24:MI:SS'),'计算机',50,null);

再插入同样的一行数据则会提示错误，因为主键冲突所以无法插入数据。

3. 修改主键约束

表的主键也是作为表的对象存在的，因此，同样可以对其进行修改。这其中包括，为表添加主键、删除主键、启用/禁用主键、重命名主键等。

（1）为表添加主键。

使用 "Alter table 表名 add primary key (主键)" 来添加主键。例：

Alter table xsb add primary key(c_xh);

（2）为表添加多列主键。

使用同样的方法用"Alter table 表名 add primary key (主键)"来添加多列主键。例：

Alter table cjb add primary key(c_xh,c_kch);

（3）删除主键。

使用"Alter table 表名 drop primary key"语句来删除数据库。例：

Alter table cjb drop primary key;

（4）启用/禁用主键。

我们可以通过"Alter table only_test disable primary key"语句来禁用主键。例：

alter table xsb disable primary key;

禁用主键之后可以重复插入同一个数据。

同样，可以用类似语句来启用主键。例：

alter table xsb enable primary key

2.3.2 外键约束的创建

外键实际是一种关联，描述了表之间的父子关系。即子表中的某条数据与父表中的某条数据有着依附关系。当父表中的某条数据被删除或进行更改时，会影响子表中的相应数据。例如，父表中的数据被删除，则子表中的相应数据也应该被删除；当父表中的数据进行更新，子表中的数据也应该做出适当的反应。

外键约束是建立在子表之上的，并要求子表的每条记录必须在父表中有且仅有一条记录与之对应。例如，某条 orders 的记录，没有对应的 customers 的信息是不允许的，亦即有订单没有客户是不允许的。

1. 建立外键

以 cjb 和 xsb 为例，创建表 cjb。

Create table cjb (c_xh char(10),c_kch char(10),c_cj float,primary key(c_xh,c_kch));

创建表 xsb：

Create table xsb(c_xh char(10),c_xm char(12),c_xb char(6),c_csrq date,c_zy char(16),c_xf float,c,bz char(40), primary key(c_xh));

在这两个表中建立了主键 c_xh 和 c_xh，现在建立 cjb 到 xsb 表的外键关联，代码如下：

Alter table cjb add constraint fk_xsb_cjb foreign key(c_xh) references xsb(c_xh);

查看外键的关联信息：

Select table_name,constraint_name constraint_type,r_constraint_name from user_constraints where table_name='cjb';

2. 验证外键约束的有效性

（1）xsb 为空时向子表 cjb 插入一条数据。

Insert into cjb values ('101102','102',81);

则会出现报错。

（2）在 xsb 表中添加信息。

Insert into xsb values ('101102','张 2','男',TO_DATE('2-01-1981 00:00:00','DD-MM- YYYY HH24:MI:SS'),'计算机',50,null);

再次往 cjb 中添加数据：

Insert into cjb values ('101102','102',81);

能够成功地添加数据。

（注：当修改子表时，若外键列被修改则会报错，修改非外键列的值则不影响修改结果）

3. 级联更新与级联删除

在具有外键的情形下，尝试修改主表中的数据并不一定能够成功。但是有时又的确有这种需求，即修改主表中的主键列的值。当然，子表中的数据也应该同时更新。对于主表中的记录删除亦是如此。但是因为外键约束，造成了两种操作都不能成功进行。这就是级联更新与级联删除问题的提出背景。

（1）级联更新。

级联更新是指当主表中的主键列进行修改时，子表的外键列也应该进行相应的修改。

（2）级联删除。

Alter table cjb add constraint fk_cjb_xsb foreign key (c_xh) references xsb(c_xh) on delete cascade

（如果提示错误，可先执行 Alter table cjb drop constraint fk_xsb_cjb;）

4. 修改外键属性

外键也是约束中的一种，因此可以像修改其他约束一样对其进行修改。修改外键的主要操作有：重命名、启用/禁用、修改、删除。

（1）重命名外键。

Alter table cjb rename constraint fk_cjb_xsb   to fk_cjbs;

查看 cjb 表的约束信息：

Select table_name,constraint_name constraint_type,r_constraint_name from user_constraints where table_name='cjb';

（2）禁用/启用外键。

外键可以被禁用，禁用外键以后向表中插入数据将不经过约束校验，禁用的约束可以再开启，在开启过程中将进行数据校验，校验不通过则该外键不能启动成功。

1）禁用外键。

Alter table cjb modify constraint fk_cjbs disable;

2）启用外键。

Alter table cjb modify constraint fk_cjbs enable;

在过程中可以查看外键使用情况

Select constraint_name,status from user_constraints where constraint_name='fk_cjbs';

（3）是否对已有数据进行校验。

当 cjb 建立在 xsb 的外键处于禁用时，在外键列数值不同的情况下启动外键，则会出现报错，启用外键会失败。

此时我们可以使用 novalidate 选项，使其不进行校验直接启用外键。

Alter table cjb modfy constraint fk_cjbs enable novalidate;

启用之后的约束依然对数据库起作用，若输入外键不一致，依然会抛出错误。

（4）删除约束。

删除约束的统一语法：

Alter table cjb drop constraint fk_cjbs;

2.3.3 唯一性约束的创建

主键列上的值都是唯一的，主键是记录唯一性的保证。但是，一个表只能有一个主键。很多时候，对于其他列同样要求列值唯一。例如，在用户表中，列 USER_ID 作为主键可以保证用户的唯一性，同时又要求其 E-Mail 地址唯一，防止多个用户同时使用同一邮箱。

所以，可以这样理解，主键设计为标识唯一一条记录，而唯一性约束则设计为保证列自身值的唯一性。

1. 创建唯一性约束

Create table kcb(c_kch char(10) unique,c_kcm char(20),c_kkxq decimal(16, 0),c_xs float,c_xf decimal(16, 0));

查看约束是否创建成功

Select table_name,constraint_name constraint_type,r_constraint_name from user_constraints where table_name='kcb';

2. 验证唯一性约束

向 kcb 表中添加课程号都为 101，则会返回违反唯一约束的错误信息。

Insert into kcb values ('101','课程 1',1,60,1);

Insert into kcb values ('101','课程 2',1,61,2);

（1）添加唯一性约束。

在建表之后我们可以添加唯一性约束

Alter table table_name add constraint up_name unique (name);

（说明：add constraint 添加约束，table_name 添加约束的表名，up_name 定义约束名称，小括号内 name 是约束添加的列名）

（2）删除唯一性约束。

Alter table kcb drop constraint 约束;

（3）重命名唯一性约束。

Alter table kcb rename constraint 旧约束名 to c_new;

（4）禁用/启用唯一性约束。

1）禁用约束。

Alter table 表名 modify constraint 约束名 disable;

禁用唯一约束之后可以不受约束限制。

2）启用约束。

Alter table 表名 modify constraint 约束名 enable

如果禁用约束之后插入过不合唯一约束的数据，则无法启用约束。

2.3.4 检查约束的创建

检查约束对列值进行限制，将表中的一列或多列限制在某个范围内。例如，在学生成绩表中，可能需要将学生单科成绩限制在 0～100 之内，超过 100 分的单科成绩将不能够录入。又如，在员工表中，可能需要限制经理级薪水不能超过 8000，主管级薪水不能超过 5000，普通员工薪水不能超过 4000。这些都可以通过检查约束来实现。

检查约束实际可以看作一个布尔表达式,该布尔表达式如果返回为真,则约束校验将通过,反之，约束校验将无法通过。

1. 创建检查约束

检查约束可以在创建表时进行创建，使用选项 check。

```
Create table cjb (c_xh char(10),c_kch char(10),c_cj float, check (c_cj<100));
```

当更新表中记录时，Oracle 都将计算 check 的布尔值。

2. 修改检查约束

检查约束可以像其他约束一样被修改，针对检查约束的操作包括添加、删除、重命名和禁用/启用。

（1）为 CJB 表添加约束。

```
alter table cjb add constraint cjb_cj check (length(c_cj)<=100);
```

删除检查约束：

```
alter table cjb drop constraint cjb_cj;
```

（2）重命名检查约束。

```
alter table cjb rename constraint cjb_cj to cj_cj;
```

（3）禁用/启用检查约束。

使用禁用/启用统一约束方法操作约束。

1）禁用约束语句：

```
alter table cjb disable constraint cj_cj;
```

2）启用约束语句：

```
alter table cjb enable constraint cj_cj;
```

2.3.5 非空约束的创建

非空约束是指该数据列的数据不能为空，但是可以为其设定一个默认值。

创建语句如下：

```
SQL> create table user2(user_id number primary key,user_name varchar2(20),status varchar2(3) default 'act');
Table created.
```

该语句中 status 为非空，我们为其设定了一个默认值"act"。

2.4 序列

序列（Sequence）像其他数据库对象（表、约束、视图、触发器等）一样，是实实在在的数据库对象。一旦创建，即可存在于数据库中，并可在适用场合进行调用。序列总是从指定整数开始，并按照特定步长进行累加，以获得新的整数。

2.4.1 创建序列

创建序列，应该使用 create sequence 命令。下文演示了如何创建一个用于生成表 xsb 主键 ID 的序列。

```
create sequence xsb_seq;
测试序列值：
select xsb_seq.nextval  from dual;
使用序列：
insert into kcb values ('101','课程 1',1, xsb_seq.nextval,1);
```

2.4.2 修改序列

通过 alter 命令可以修改序列属性。可修改的属性包括 minvalue、maxvalue、increment by、cache 和 cycle。

（1）修改 minvale 和 maxvalue。

minvalue 和 maxvalue 用于指定序列的最小值和最大值。序列最小值的意义在于限定 start with 和循环取值时的起始值；而最大值则用于限制序列所能达到的最大值。序列最小值不能大于序列的当前值。例如，尝试将序列 employee_start with 的最小值设置为 20，Oracle 将会抛出错误提示。

```
alter sequence xsb_seq minvalue 20;
alter sequence xsb_seq maxvalue 99999;
alter sequence xsb_seq nomaxvalue;
```

（2）修改 increment by。

increment by 相当于编程语言 for 循环中的步长。即每次使用 nextval 时，在当前值累加该步长来获得新值。序列的默认步长为 1，可以通过 alter 命令和 increment by 选项来修改序列步长。

```
alter sequence xsb_seq increment by 5;
select xsb_seq.currval from xsb;
select xsb_seq.nextval from xsb;
测试获取最大值。
```

（3）修改 cycle。

cycle 选项用于指定序列在获得最大值的下一个值时，从头开始获取。这里的"头"即为

minvalue 指定的值。为了说明 cycle 的功能及 start with 与 minvalue 的区别，首先创建该序列，并为各选项指定特定值。

```
create sequence xsb_seq start with 5 minvalue 1 maxvalue 30 increment by 1;
select xsb_seq.nextval from xsb;
alter sequencexsb_seq cycle;
alter sequence xsb_seq nocycle;
```

（4）修改 cache。

顾名思义，cache 是序列缓存，其实际意义为，每次利用 nextval 并非直接操作序列，而是一次性获取多个值的列表到缓存。使用 nextval 获得的值，实际是从缓存抓取。抓取的值，依赖于序列的 currval 和步长 increment by。默认缓存的大小为 20，可以通过 alter 命令修改缓存大小。可以通过如下步骤测试 cache 的存在。

```
alter sequence xsb_seq increment by 2;
alter sequence xsb _seq maxvalue 39;
alter sequence xsb _seq increment by 2;
alter sequence xsb _seq maxvalue 40;
alter sequence xsb _seq increment by 2;
```

2.5 同义词

Oracle 数据库中提供了同义词管理的功能。同义词是数据库方案对象的一个别名，经常用于简化对象访问和提高对象访问的安全性。在使用同义词时，Oracle 数据库将它翻译成对应方案对象的名字。与视图类似，同义词并不占用实际存储空间，只在数据字典中保存了同义词的定义。在 Oracle 数据库中的大部分数据库对象，如表、视图、同义词、序列、存储过程、包等等，数据库管理员都可以根据实际情况为它们定义同义词。

2.5.1 创建同义词

语法格式：

```
create public synonym cjb_new for cjb;
```

注：public 表示创建一个公用同义词，同义词的指向对象可以是表、视图、过程、函数、包和序列。

2.5.2 使用同义词

创建同义词后，数据库用户可以直接通过同义词名称访问该同义词的数据库对象，而不需要特别指出该对象的所属关系。

语法格式：

```
select * from cjb_new;
```

2.5.3 删除同义词

语法格式：

drop public synonym cjb_new;

2.6 索引

2.6.1 索引简介

在 Oracle 中，索引是一种供服务器在表中快速查找一个行的数据库结构。在数据库中建立索引主要有以下作用。

（1）快速存取数据。

（2）既可以改善数据库性能，又可以保证列值的唯一性。

（3）实现表与表之间的参照完整性。

（4）在使用 order by、group by 子句进行数据检索时，利用索引可以减少排序和分组的时间。

2.6.2 索引的分类

在关系数据库中，每一行都有一个行唯一标识 RowID。RowID 包括该行所在的条件、在文件中的块数和块中的行号。索引中包含一个索引条目，每一个索引条目都有一个键值和一个 RowID，其中键值可以是一列或者多列的组合。

（1）索引按存储方法分类，可以分为两类：B*树索引和位图索引。

1）B*树索引的存储结构类似书的索引结构，有分支和叶两种类型的存储数据块，分支块相当于书的大目录，叶块相当于索引到的具体的书页。Oracle 用 B*树机制存储索引条目，以保证用最短路径访问键值。默认情况下大多使用 B*树索引，该索引就是通常所见的唯一索引、逆序索引。

2）位图索引存储主要用于节省空间，减少 Oracle 对数据块的访问。它采用位图偏移方式来与表的行 ID 号对应，采用位图索引一般是重复值太多的表字段。位图索引之所以在实际密集型 OLTP（联机事物处理）中用得比较少，是因为 OLTP 会对表进行大量的删除、修改、新建操作。Oracle 每次进行操作都会对要操作的数据块加锁，以防止多人操作容易产生的数据库锁等待甚至死锁现象。在 OLAP（联机分析处理）中应用位图有优势，因为 OLAP 中大部分是对数据库的查询操作，而且一般采用数据仓库技术，所以大量数据采用位图索引节省空间比较明显。当创建表的命令中包含有唯一性关键字时，不能创建位图索引，创建全局分区索引时也不能用位图索引。

（2）索引按功能和索引对象分还有以下类型。

1）唯一索引意味着不会有两行记录相同的索引键值。唯一索引表中的记录没有 RowID，不能再对其建立其他索引。在 Oracle 11g 中，要建立唯一索引，必须在表中设置主关键字，建立了唯一索引的表只按照该唯一索引结构排序。

2）非唯一索引不对索引列的值进行唯一性限制。

3）分区索引是指索引可以分散地存在于多个不同的表空间中，其优点是可以提高数据查询的效率。

4）未排序索引也称为正向索引。Oracle 11g 数据库中的行是按升序排序的，创建索引时不必指定对其排序而使用默认的顺序。

5）逆序索引也称反向索引。该索引同样保持列按顺序排列，但是颠倒已索引每列的字节。

6）基于函数的索引是指索引中的一列或者多列是一个函数或者表达式，索引根据函数或表达式计算索引列的值。可以将基于函数的索引建立创建成位图索引。另外，按照索引所包含的列数可以把索引分为单列索引和复合索引。索引列只有一列的索引为单列索引，对多列同时索引称为复合索引。

2.6.3 创建索引

（1）首先创建表。

```
SQL> create table dex (id int, sex char(1),name char(10));
Table created.
```

（2）插入数据。

```
SQL> begin
  2  for i in 1..1000
  3  loop
  4  insert into dex values (i,'M','chongqing');
  5  end loop;
  6  commit;
  7  end;
  8  /

PL/SQL procedure successfully completed.
```

（3）查看表记录。

```
SQL> select * from dex;
       ID S NAME
--------- - ----------
      991 M chongqing
      992 M chongqing
      993 M chongqing
      994 M chongqing
      995 M chongqing
      996 M chongqing
      997 M chongqing
      998 M chongqing
      999 M chongqing
     1000 M chongqing

1000 rows selected.
```

(4) 创建索引。

```
SQL> create index dex_idx1 on dex(id);
Index created.
```

(5) 查看创建的表和索引。

```
SQL> select object_name,object_type from user_objects;

OBJECT_NAME
------------------------------
OBJECT_TYPE
------------------------------
DEX_IDX1
INDEX
```

(6) 使用索引查看记录。

```
SQL> select * from dex where id>30 and id<35;

        ID S NAME
---------- - --------------------
        31 M chongqing
        32 M chongqing
        33 M chongqing
        34 M chongqing
```

(7) 修改索引。

```
SQL> alter index dex_idx1 rename to dex_id;
Index altered.
```

(8) 查询索引。

```
SQL> select object_name,object_type from user_objects;
```

(9) 删除索引。

```
SQL> drop index dex_id;
Index dropped.
```

2.7 更新数据库

Oracle 中可以利用 DML 更新数据。其 DML 语句与其他数据库的 SQL 语法完全一致，都是遵守了工业标准。与查询操作不同，更新数据将导致数据库状态的变化，因此，Oracle 同样提供了提交与回滚操作来保证数据库状态的一致性。

2.7.1 插入记录

插入数据即向数据表中插入新的记录，插入数据应该使用 insert 命令。插入数据的主要途径包括：通过指定各列的值直接插入、通过子查询插入、通过视图插入等。对于通过视图插入的方式，大多数应该使用 instead of 触发器来进行处理。

（1）用 Insert 语句向表中插入数据（3 个表 3 个语句）。

insert into xsb values ('101101','张 1','男',to_date('1-01-1981 00:00:00','DD-MM-YYYY HH24:MI:SS'),'计算机',50,null);
insert into kcb values ('101','课程 1',1,60,1);
insert into cjb values ('101101','101',80);

（2）利用子查询批量插入数据。

Oracle 可以利用子查询向表中批量插入数据。此时的 SQL 语句除了包含 insert into 命令之外，还应该包含一个查询语句。

insert into cjb select c_xh,c_kch,c_cj from t_cjb where c_xh>=101101;

注：在插入之前首先创建一个和 cjb 表内容一样的表，命名为 t_cjb：

create table t_cjb (c_xh char(10),c_kch char(10),c_cj float);

2.7.2 删除记录

数据删除的目标是数据表中的记录，而不是针对列来进行的。删除数据应该使用 delete 命令或者 truncate 命令。其中 delete 命令的作用目标是表中的某些记录，而 truncate 命令的作用目标是整个数据表。

像 update 命令一样，delete 命令经常与 where 子句一起出现，以删除数据表中的某些数据。

delete from cjb p where exists(select 1 from t_cjb e where e.c_xh = p.c_xh);

其中，delete 命令用于删除表中数据；from cjb p 用于指定删除的目标表为 cjb，并指定该表的别名为 p；where exists(select 1 from t_cjb e where e.c_xh = p.c_xh)用于指定删除记录的过滤条件——在表 t_cjb 中存在着一条记录，该记录的 c_xh 列值等于表 cjb 的当前记录的 c_xh 列值；该删除语句用于保证表 cjb 中，所有的姓名不再存在于表 t_cjb 中。

2.7.3 修改记录

像其他数据库一样，Oracle 使用 update 命令来修改数据。update 修改数据一般有以下几种情况：直接修改单列的值、直接修改多列的值、利用 where 子句限制修改范围和利用视图修改数据。利用视图修改数据往往需要利用 instead of 触发器实现。

（1）利用 update 修改单列的值。

update cjb set c_cj = '60';
select * from cjb;

（2）利用 update 修改多列的值。

update 命令既可以修改单列值，也可以同时修改多列的值。例如，有时为了合并两个表的数据，需要为其中一个的主键 c_xh 添加一个基数，以避免两个表中主键的重复。此时，需要修改表中所有 c_xh 的值。以表 cjb 为例，在修改列 c_xh 的值的同时，也可以修改 c_cj 列的值。

update cjb set c_xh = (20+ c_xh), c_cj = '61';

（3）利用 where 子句限制修改范围

where 子句是 update 命令最常用的子句。不使用 where 子句的 update 命令是不安全的。因为不使用 where 子句将一次性修改表中所有记录，这将带来极大的安全隐患。为了将表 cjb 中 c_ch 大于 101103 的 c_cj 列修改为"79"，则可以利用如下所示的 SQL 语句。

update cjb set c_cj ='79' where c_xh >101103;

3 Oracle 数据库的安全管理

知识提要：

本章介绍了如何创建、修改、删除学生成绩管理系统中的用户，如何进行系统权限管理、对象权限管理，如何进行角色管理，最后介绍了登录安全的概要文件、进行后期安全记录查询的数据库审计。

教学目标：

- 能够创建、修改、删除学生成绩管理系统中的用户；
- 能够进行系统权限管理、对象权限管理；
- 能够进行角色管理；
- 了解登录安全的概要文件；
- 能够进行后期安全记录查询的数据库审计。

3.1 用户管理

用户是数据库使用中最基本的对象之一。在本章之前，我们都采用了超级管理员用户 system 登录数据库，该用户拥有数据库大多数对象的操作权限。而在实际运用当中，不是每个人都可以赋予超级管理员用户操作权限，因为使用该用户对数据库进行操作是不安全的，一旦操作失误，就有可能对数据库造成不可挽回的损失。因此我们需要创建一些新的用户，为他们赋予适当的操作权限。

Oracle 中的用户可以分为两类：一类是 Oracle 数据库创建时，由系统自动创建的用户，称为系统用户，如 system；另一类用户是通过系统用户创建的用户，称为普通用户。

3.1.1 新建用户

首先要用超级管理员用户登录系统或者其他拥有 create user 系统权限的用户登录系统,然后利用 SQL 语句创建用户,命令为 create user。

【例 3.1】创建一个名为 user01,密码为 user123 的用户。

命令为:

create user user01 identified by user123

3.1.2 修改用户

修改用户的命令为 alter user,和创建用户一样,首先要用超级管理员用户登录系统或者其他拥有 create user 系统权限的用户登录系统。

【例 3.2】修改用户 user01 的密码为 user123456。

命令为:

alter user user01 identified by user123456

3.1.3 删除用户

删除用户的命令为 drop user,和之前一样,首先要用超级管理员用户登录系统或者其他拥有 create user 系统权限的用户登录系统。

【例 3.3】删除用户 user01。

命令为:

drop user user01

```
SQL> drop user user01
  2  ;

User dropped.

SQL>
```

注意：当用户中有对象时，不能直接使用 drop user 删除用户。如果直接删除，会提示错误信息。如下所示：

```
SQL> drop user user01
  2  ;
drop user user01
          *
ERROR at line 1:
ORA-01922: CASCADE must be specified to drop 'USER01'

SQL>
```

这个时候应该在用户名后面加上一个参数：cascade。

命令为：

drop user user01 cascade

```
SQL> drop user user01 cascade
  2  ;

User dropped.

SQL>
```

加上参数 cascade 之后，就成功删除了用户 user01，并且把用户中的对象也一并删除了。

3.2 权限管理

为了使新创建的用户可以进行基本的数据库操作，如登录数据库、查询表和创建数据表等，就需要赋予其这些操作权限。如果希望用户不能进行某些特殊的操作，就需要收回该用户的相应权限。Oracle 中的权限管理是 Oracle 安全机制中的重要组成部分。按照权限所针对的控制对象，这些权限可以分成两类：系统权限和对象权限。

3.2.1 系统权限管理

1．系统权限

系统权限一般需要授予数据库管理人员和应用程序开发人员，数据库管理员可以将系统权限授予其他用户，也可以将系统权限从被授予用户中收回。

根据用户在数据库中所进行的不同操作，Oracle 的系统权限可以分为多种不同的类型。

（1）数据库维护权限。对于数据库管理员，需要创建表空间、修改数据库结构、创建用户、修改用户权限等进行数据库维护的权限。

（2）数据库模式对象权限。对于数据库开发人员，只需要了解操作数据库对象的权限，如创建表、创建视图等权限。

（3）Any 权限。系统权限中有一种权限是 any，具有 any 权限表示可以在任何用户模式中进行操作。例如：具有 create any table 系统权限的用户可以在任何用户模式中创建表。与此相对应，不具有 any 权限的用户只可以在自己的模式中进行操作。一般情况下，应该授予数据库管理员 any 系统权限，以便管理员管理所有用户的模式对象。

2. 系统权限的授予

授予用户系统权限的语法为：

grant system_privilege to username

其中，system_privilege 为系统权限的名字，username 为用户的用户名。

【例 3.4】授予用户 user01 连接数据库的权限。

当建立好一个新用户时，是没法直接登录的，如下所示：

```
SQL> conn user01/user123
ERROR:
ORA-01045: user USER01 lacks CREATE SESSION privilege; logon denied

Warning: You are no longer connected to ORACLE.
SQL>
```

系统提示无法登录。这个时候就需要我们为该用户添加链接数据库的权限，使用命令：

grant create session to user01

如下所示：

```
SQL> grant create session to user01;

Grant succeeded.

SQL>
```

权限授予成功后，就可以使用 user01 进行登录了，如下所示：

```
SQL> conn user01/user123
Connected.
SQL> show user
USER is "USER01"
SQL>
```

【例 3.5】授予用户 user01 在任何用户模式下创建表和视图的权限，并允许用户 user01 将这些权限授予给其他用户，使用命令：

grant create any table，create any view to user01 with admin option

如下所示：

```
SQL> grant create any table,create any view to user01 with admin option
  2  ;
Grant succeeded.
SQL>
```

注意：当给用户 user01 授予了系统权限过后，还不能直接创建表，因为还没有为用户分配可使用的表空间配额。应使用命令：

alter user user01 quota 200m on users;

如下所示：

```
SQL> alter user user01 quota 200m on users;
User altered.
```

这样分配了可使用表空间配额后，就可以创建表了。如下所示：

```
SQL> create table test(s char(20));
Table created.
```

3. 系统权限的收回

数据库管理员或者具有向其他用户授予权限的用户可以使用 revoke 语句将已经授予的系统权限收回。

语法格式为：

revoke system_privilege from username

用户的系统权限被收回后，相应的传递权限也同时被收回，但是已经经过传递并获得权限的用户不受影响。

3.2.2 对象权限管理

对象权限是对特定方案对象执行特定操作的权利，这些方案对象主要包括表、视图、序列、过程、函数和包等。有些方案对象（如簇、索引、触发器和数据库链接）没有对应的对象权限，它们是通过系统权限控制的。例如：修改簇用户必须拥有 alter any cluser 系统权限。对于属于某一个用户模式的方案对象，该用户对这些对象具有全部的对象权限。

1. 对象权限的分类

Oracle 中对象权限有以下 9 种。

（1）select：读取表、视图、序列中的数据。

（2）update：更新表、视图、序列中的数据。

（3）delete：删除表和视图中的数据。

（4）insert：向表和视图中插入数据。

（5）execute：执行类型、函数、包和过程。

（6）read：读取数据字典中的数据。

（7）index：生成索引。

（8）preference：生成外键。

（9）alter：修改表、序列、同义词中的结构。

2. 对象权限的授予

授予对象权限也使用 grant 语句，语法格式为：

grant object_privilege on object_name to username(with grant option)

其中，object_privilege 指的是对象权限的名称，on 后面的 object_privilege 指的是权限所在的对象，to 后面跟的是授予对象权限的用户，with grant option 选项用于指定用户可以将这些权限授予其他用户。

【例3.6】将 system 下 xsb 的查询、添加、修改和删除数据的权限赋予用户 user01。

在授予权限之前，我们先来看看使用用户查看 xsb 会出现什么，如下所示：

```
SQL> show user
USER is "USER01"
SQL> select * from xsb
  2 ;
select * from xsb
              *
ERROR at line 1:
ORA-00942: table or view does not exist

SQL>
```

会提示说表或视图不存在，但是通过 system 用户查看，表又是存在的，这就说明用户 user01 没有查看权限。切换成用户 system 后，使用命令：

grant select,insert,update,delete on xsb to user01;

为用户 user01 授予权限，如下所示：

```
SQL> show user
USER is "SYSTEM"
SQL> grant select,insert,update,delete on xsb to user01;

Grant succeeded.

SQL>
```

然后切换到 user01，查看 xsb。

select * from system.xsb;

如下所示：

```
SQL> select * from system.xsb;

XH       XM       XB    CSRQ        ZY              XF
BZ
101101   张1      男    01-1月 -81   计算机           50

101102   张2      男    02-1月 -81   计算机           50
```

3. 对象权限的收回

收回对象权限同样也是用 revoke 语句。

【例 3.7】收回用户 user01 查看 xsb 表的权限。使用命令：

revoke select on xsb from user01;

如下所示：

```
SQL> revoke select on xsb from user01;
Revoke succeeded.
SQL>
```

3.3 角色管理

3.3.1 角色概述

通过角色，Oracle 提供了简单、易于控制的权限管理。角色是一组权限，可授予用户或其他角色。可利用角色来管理数据库权限，可将权限添加到角色中，然后将角色授予用户。用户可使该角色起作用，并实施角色授予的权限。一个角色包含所有授予角色的权限及授予它的其他角色的全部权限。角色的这些属性大大简化了在数据库中的权限管理。

一个应用可以包含几个不同的角色，每个角色都包含不同的权限集合。DBA 可以创建带有密码的角色，防止未授权就使用角色的权限。

1. 安全应用角色

DBA 可以授予安全应用角色运行给定数据库应用时所有必要的权限，然后将该安全应用角色授予其他角色或者用户，应用可以包含几个不同的角色，每个角色都包含不同的权限集合。

2. 用户自定义角色

DBA 可以为数据库用户组创建用户自定义的角色，赋予一般的权限需要。

3. 数据库角色的权限

（1）角色可以被授予系统和方案对象权限。

（2）角色被授予其他角色。

（3）任何角色可以被授予任何数据库对象。

（4）授予用户的角色，在给定的时间里，要么启用，要么禁止。

4. 角色和用户的安全域

每个角色和用户都包含自己唯一的安全域，角色的安全域包含授予角色的权限。用户安全域包括对应方案中的所有方案对象的权限，授予用户的权限和授予当前启用的用户的角色的权限。用户安全域同样包含授予用户组 PUBLIC 的权限和角色。

5. 预定义角色

Oracle 系统在安装完成后就有整套的用于系统管理的角色，这些角色称为预定义角色。常见的预定义角色有：Connect、DBA 等。

3.3.2 创建用户角色

Oracle 中创建角色的语句为：

```
create role role_name
    [ not identified ]
    [identified {by password |externally|globally}];
```

其中，role_name 为新创建角色的名称；not identified 选项表示该角色由数据库授权，不需要口令使该角色生效；identified 表示在用 set role 语句使该角色生效之前必须由指定的方法来授权一个用户。

（1）by password：创建一个局部角色，在使角色生效之前，用户必须指定 password 定义的口令。口令只能是数据库字符集中的单字节字符。

（2）externally：创建一个外部角色，在使角色生效之前，必须由外部服务（如操作系统）来授权用户。

（3）globally：创建一个全局角色，在利用 set role 语句使角色生效前或在登录时，用户必须由企业目录服务授权使用该角色。

【例 3.8】创建一个新的角色 account_role，不设置密码，命令如下：

```
create role account_role;
```

如下所示：

```
SQL> create role account_role;
Role created.
SQL>
```

3.3.3 管理用户角色

角色管理就是修改角色的权限、生成角色报告和删除角色等工作。

1. 修改角色

使用 alter role 语句可以修改角色的定义，语法为：

```
alter role role_name
    [ not identified ]
    [identified {by password |externally|globally}];
```

2. 给角色授予权限和取消权限

使用 create role 语句创建新角色时，最初的权限是空的，这时可以使用 grant 语句给角色授予权限，同时可以使用 revoke 语句取消角色的权限。

【例 3.9】给角色 account_role 授予在任何模式中创建表和视图的权限。命令如下：

grant create any table ,create any view to account_role;

如下所示：

```
SQL> grant create any table,create any view to account_role;
Grant succeeded.
SQL>
```

【例 3.10】取消角色 account_role 的 create any view 权限。命令如下：

revoke create any view from account_role;

如下所示：

```
SQL> revoke create any view from account_role;
Revoke succeeded.
SQL>
```

3. 将角色授予用户

将角色授予用户才能发挥角色的作用，角色授予用户以后，用户将立即拥有角色所拥有的权限。将角色授予用户也使用 grant 语句，语法格式：

grant role_name to {username|role_name|public}
[with admin option]

其中，也可以将角色授予给其他角色或者 public 公共用户组。

【例 3.11】将角色 account_role 授予用户 user01。命令如下：

grant account_role to user01;

如下所示：

```
SQL> grant account_role to user01;
Grant succeeded.
SQL>
```

4. 启用和禁用角色

可以使用 set role 语句为数据库用户的会话启用或禁用角色。语法格式：

set role { role_name {[identified by password]
| all[except role_name]|none};

其中，使用 all 选项表示将启用用户被授予的所有角色，但必须保证所有的角色没有设置口令。使用 except role_name 子句表示启用除指定角色 role_name 外的其他全部角色。none 选项表示禁用所有角色。

5. 收回用户的角色

从用户手中收回已经授予的角色也使用 revoke 语句，语法格式：

revoke role_name from {username|role_name|pulic}

【例 3.12】收回用户 user01 被授予的 account_role 角色。命令如下：

revoke account_name from user01;

如下所示：

```
SQL> revoke account_role from user01;
Revoke succeeded.
SQL>
```

3.4 概要文件

3.4.1 创建概要文件

使用 create profile 命令创建概要文件，创建概要文件时，操作者必须有 create profile 的系统权限。语法格式为：

Create profile profile_name limit
    resource_parameters|password_parameters

说明：

（1）profile_name：将要创建的概要文件的名称。

（2）resource_parameters：对一个用户指定资源限制的参数。

resource_parameters 表达式的语法格式为：

[sessions_per_user integer|unlimited|default]/*限制一个用户并发会话个数*/

[CPU_per_session integer|unlimited|default]/*限制一次会话的 CPU 时间，以秒/100 为单位*/

[CPU_per_call integer|unlimited|default]/*限制一次调用的 CPU 时间，以秒/100 为单位*/

[connect_time integer |unlimited|default]/*一次会话持续的时间，以分钟为单位*/

[idle_time integer |unlimited|default]/*限制一次会话期间的连续不活动时间，以分钟为单位*/

[logical_reads_per_session integer |unlimited|default]/*规定一次会话中读取数据块的数目，包括从内存和磁盘中读取的块数*/

[logical_reads_per_call integer |unlimited|default]/*规定处理一个 SQL 语句一次调用所读的数据块的数目*/

[composite_limt integer |unlimited|default]/*规定一次会话的资源开销，以服务单位表示该参数值*/

[private_sga integer{K|M} |unlimited|default]/*规定一次会话在系统全局取（sga）的共享池可分配的私有空间的数目，以字节表示。可以使用 K 或 M 来表示千字节或兆字节*/

（3）password_parameters：口令参数。

password_parameters 表达式的语法格式：

[failed_login_attempts expression |unlocked|default]/*在锁定用户账户之前登录用户账户的失败次数*/

[password_life_time expression |unlocked|default]/*限制同一口令可用于验证的天数*/

[password_reuse_time expression |unlocked|default]/*规定口令不被重复使用的天数*/

[password_reuse_max expression |unlocked|default]/*规定当前口令被重新使用前需要更改口令的次数，如果password_reuse_time 设置为一个整数值，则应设置为 unlocked*/

[password_look_time expression |unlocked|default]/*指定次数的登录失败而引起的账户封锁的天数*/

[password_grace_time expression |unlocked|default]/*在登录依然被允许但已开始发出警告之后的天数*/

[password_verify_function function |null|default]/*允许 pl/sql 的口令检验脚本作为 create profile 语句的参数*/

/*function 口令复杂性校验程序的名字。Null 表示没有口令校验功能*/

【例 3.13】创建一个名为 limited_profile 概要文件，把它提供给用户 user01 使用。创建概要文件命令如下：

```
create profile limited_profile limit
failed_login_attempts 5
password_lock_time 10;
```

如下所示：

```
SQL> create profile limited_profile limit
  2  failed_login_attempts 5
  3  password_lock_time 10;

Profile created.
```

然后通过修改用户将概要文件提供给 user01：

```
alter user user01 profile limited_profile;
```

如下所示：

```
SQL> alter user user01 profile limited_profile;

User altered.

SQL>
```

failed_login_attempts 5 表示连续五次与 user01 用户的连接失败，该用户将自动由 Oracle 锁定。然后使用正确口令登录时，系统会提示错误信息，

如下所示：

```
SQL> conn user01/user123
ERROR:
ORA-28000: the account is locked


Warning: You are no longer connected to ORACLE.
SQL>
```

只有对用户解锁后，才能再使用该账户。若一个用户由于多次连接失败而被锁定，当时间超过其概要文件的 password_lock_time 值时将自动解锁，本例中 user01 用户设置的锁定时间为 10 天，超过 10 天就会自动解锁。

注意：Oracle dba 可以通过修改用户 user01 来解锁用户，然后就可以登录了。

【例 3.14】alter user user01 account unlock;

```
SQL> alter user user01 account unlock;
User altered.
SQL>
```

3.4.2 管理概要文件

在 Oracle 的 PL/SQL 方式中使用 alter profile 语句修改概要文件。语法格式为：

alter profile profile_name limit
resource_parameters|password_parameters

alter profile 语句中的关键字和参数与 create profile 语句相同，详情参考 create profile 的语法说明。

注意：不能从 default 概要文件中删除限制。

【例 3.15】强制 limited_profile 概要文件的用户每 10 天改变一次口令。

alter profile limited_profile limit
password_life_time 10;

如下所示：

```
SQL> Alter profile limited_profile limit
  2  Password_life_time 10;

Profile altered.

SQL>
```

命令修改了 limited_profile 概要文件，password_life_time 设置为 10，因此使用这个概要文件的用户在 10 天后口令就会过期。如果口令过期，就必须在下次注册时修改它，除非概要文件对过期口令有特定的宽限期。

【例 3.16】设置 password_grace_tame 为 10 天。

alter profilelimited_profile limit
password_life_time 10;

如下所示：

```
SQL> Alter profile limited_profile limit
  2  Password_life_time 10;

Profile altered.

SQL>
```

为过期口令设定宽限期为 10 天，若 10 天后还未更改口令，账户就会过期。过期账户需要数据库管理员人工干预才能重新激活。

如果需要删除概要文件，使用 drop profile 语句，语法格式为：

drop profile profile_name;

【例 3.17】drop profile limited_profile cascade;

注意：加上 cascade 是因为概要文件已经使用于用户，需要加上 cascade 才可以删除。

如下所示：

```
SQL> drop profile limited_profile cascade;
Profile dropped.
SQL>
```

3.5 数据库审计

3.5.1 审计概念

审计是监视和记录所选用户的数据活动。审计通常用于调查可疑活动以及监视与收集特定数据库活动的数据。审计操作类型包括登录企图、对象访问和数据库操作。审计操作项目包括成功执行的语句或执行失败的语句，以及在每个用户会话中执行一次的语句和所有用户或者特定用户的活动。审计记录包括被审计的操作、执行操作的用户、操作的时间等信息。审计记录被存储在数据字典中。审计跟踪记录包含不同类型的信息，主要依赖于所审计的事件和审计选项设置。每个审计跟踪记录中的信息通常包含用户名、会话标识符、终端标识符、访问的方案对象的名称、执行的操作、操作的完成代码、日期和时间戳，以及使用的系统权限。

Oracle 管理员可以启用和禁用审计信息记录，但是只有安全管理员才能够对记录审计信息进行管理。当在数据库中启用审计时，在语句执行阶段生成审计记录。注意：在 PL/SQL 程序单元中的 SQL 语句是单独审计的。

审计可以分为 3 类，或者说，可以从 3 种角度去启用审计。

（1）语句审计（Statement Auditing）。

对预先指定的某些 SQL 语句进行审计。这里从 SQL 语句的角度出发，进行指定。审计只关心执行的语句。

例如，audit create table;命令，就表明对 create table 语句的执行进行记录。不管这语句是否是针对某个对象的操作

（2）权限审计（Privilege Auditing）。

对涉及某些权限的操作进行审计，这里强调"涉及权限"。

例如，audit create table;命令，又可以表明对涉及 create table 权限的操作进行审计。

所以说，在这种命令的情况下，既产生一个语句审计，又产生了一个权限审计。有时候"语句审计"和"权限审计"是相互重复的，这一点可以后面证明。

（3）对象审计（Object Auditing）。

记录作用在指定对象上的操作。

3.5.2 审计环境设置

1. 审计启用

Oracle 审计默认是关闭的，需要手动来开启。首先以 SYS 身份登录数据库，查看当前数据库审计状态：

show parameter audit_trail;

如下所示：

```
SQL> show parameter audit_trail;

NAME                                 TYPE        VALUE
audit_trail                          string      NONE
```

图中的 none 即为 Oracle 中的默认值，表示审计为关闭状态。

修改审计状态：

alter system set audit_trail='DB' scope=spfile;

如下所示：

```
SQL> alter system set audit_trail='DB' scope=spfile;
System altered.
```

审计状态修改成功。

这个时候需要重新启动数据库，才能完全修改审计状态。如下所示：

```
SQL> shutdown normal;
Database closed.
Database dismounted.
ORACLE instance shut down.
SQL> startup
ORACLE instance started.

Total System Global Area  171966464 bytes
Fixed Size                    787988 bytes
Variable Size              145488364 bytes
Database Buffers            25165824 bytes
Redo Buffers                  524288 bytes
Database mounted.
Database opened.
```

待重启成功后，再次查看审计的状态：

```
show parameter audit_trail;
```

如下所示：

```
SQL> show parameter audit_trail;

NAME                    TYPE        VALUE
------------------------------------------
audit_trail             string      DB
SQL>
```

可以看到，此时的 value 值变成了 DB，说明审计成功开启。

（说明：audit_trail 的作用是启用或禁用数据审计。它的取值范围可以为：NONE、FALSE、DB、TRUE、OS、DB_EXTEND、XML 和 EXTENDED。如果该参数为 TRUE 或 DB，则审计记录将被写入 SYS.SUD$ 表中；如果参数值为 OS，则写入一个操作系统文件。）

3.5.3 登录审计

用户连接数据库的操作过程称为登录，登录审计用以下的命令：

（1）audit session：开启数据库审计。

（2）audit session whenever successful：审计成功的连接图。

（3）audit session whenever not successful：审计连接失败。

（4）noaudit session：禁止会话审计。

3.5.4 数据活动审计

对表、数据库连接、表空间、同义词、回滚段、用户或索引等数据库对象的任何操作都可以被审计。这些操作包括对象的建立、修改和删除。语法格式如下：

```
audit {statement_opt|system_priv}
    [by username]
    [by {session|access}]
    [whenever [not] successful]
```

说明：

（1）statement_opt：审计操作。对于每个审计操作，其产生的审计记录都包含执行操作的用户、操作类型、操作涉及的对象及操作的日期和时间等信息。审计记录被写入审计跟踪（audit trail），审计跟踪包含审计记录的数据库表。

（2）system_priv：指定审计的系统权限。Oracle 为指定的系统权限和语句选项组提供捷径。

（3）by username：指定审计的用户。若忽略该子句，Oracle 审计所有用户的语句。

（4）by session：同一会话中同一类型的全部 SQL 语句仅写单个记录。

（5）by access：每个被审计的语句写一个记录。

（6）whenever [not] successful：只审计完全成功的 SQL 语句。包含 not 时，则只审计失败或产生错误的语句。若忽略该子句，则审计全部的 SQL 语句，不管语句是否执行成功。

【例 3.18】用户 user01 的所有更新操作都要被审计。

Audit update table by user01;

如下所示：

```
SQL> Audit update table by user01;
Audit succeeded.
```

3.5.5　对象审计

除了系统级的对象操作外，还可以审计对象的数据处理操作。这些操作可能包括对表的选择、插入、更新和删除操作。这种操作类型的审计方式与操作审计非常相似。语法格式：

audit { object_opt |all}
{[schema.]object|directory directory_name | default}
[by session | access]
　　　[whenever [not] successful]

说明：

（1）object_opt：指定审计操作。

（2）all：指定所有对象类型的对象选项。

（3）schema：包含审计对象的方案。若忽略该类容，则对象在自己的模式中。

（4）object：标识审计对象。对象必须是表、视图、序列、存储过程、函数、包、快照或库，也可以是他们的同义词。

（5）on default：默认审计选项，以后创建的任何对象都自动用这些选项审计。用于视图的默认审计选项总是视图基表的审计选项的联合。若改变默认审计选项，先前创建的对象的审计选项保持不变。只能通过指定 audit 语句的 on 字句中的对象来更改已有对象的审计选项。

（6）on directory directory_name：审计的目录名。

（7）by session：Oracle 在同一会话中对同一对象上的同一类型的全部操作写单个记录。

（8）by access：对每个被审计的操作写一个记录。

【例 3.19】对 xsb 的所有 insert 命令都要审计；对 cjb 的每个命令都要审计。

audit insert on system.xsb;
audit all on system.cjb;

如下所示：

```
SQL>
SQL> Audit insert on system.xsb;
Audit succeeded.
```

```
SQL> Audit all on system.cjb;
Audit succeeded.
SQL>
```

3.5.6 清除审计数据

当 SYS.AUD$表的审计记录越来越多的时候，以至达到存储极限时，会因为审计记录无法写入而产生错误。或许还也需要对该表的数据进行一些转储或者碎片的整理，或是删除一些我们认为不再需要的审计记录。

【例 3.20】删除 aud$中的数据。

delete from aud$;

如下所示：

```
SQL> delete from aud$;
51 rows deleted.
```

3.5.7 查询审计信息

（1）激活审计过后就可以开始审计：以 SYSDBA 登录数据库。

以实例来查询审计信息：审计用户 user01 中表 tt 所有操作。

audit all on user01.tt;

如下所示：

```
SQL>
SQL> audit all on user01.tt;
Audit succeeded.
```

（2）另开一个窗口，对用户 user01 中的 tt 表进行删除操作。

delete from user01.tt;

如下所示：

```
SQL> delete from user01.tt;
1 row deleted.
SQL>
```

（3）可以查询关于开启审计过后对用户 user01 中表 tt 的所有操作：

select * from dba_audit_trail;

如下所示：

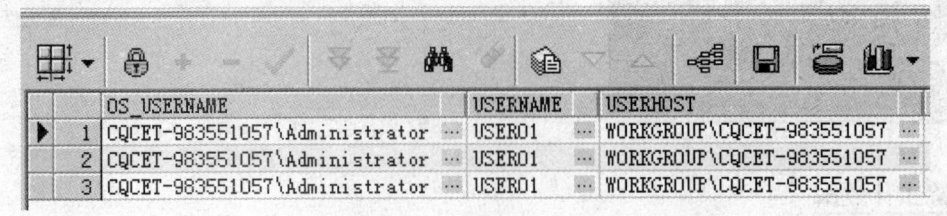

	OS_USERNAME	USERNAME	USERHOST
1	CQCET-983551057\Administrator	USER01	WORKGROUP\CQCET-983551057
2	CQCET-983551057\Administrator	USER01	WORKGROUP\CQCET-983551057
3	CQCET-983551057\Administrator	USER01	WORKGROUP\CQCET-983551057

4 数据库查询及视图

知识提要:

在数据库应用中,最常用的操作是查询,它是数据的其他操作(如统计、插入、删除、及修改)的基础。在 Oracle 11g 中,对数据库的查询使用 select 语句。select 语句功能非常强大,使用灵活。本章重点讲述 select 语句对数据库进行各种查询的方法。

教学目标:

- 掌握单表的数据检索;
- 能够格式化、计算与处理查询结果;
- 能够对表中数据进行统计;
- 能够从多张表中检索数据;
- 掌握使用子查询。

4.1 数据库的查询

使用数据库和表的主要目的是存储数据,以便在需要时进行检索、统计或进行输出,通过 PL/SQL 的查询可以从表或视图中迅速、方便地检索数据。

下面介绍 select 语句,它是 PL/SQL 的核心。select 语句复杂,主要的子句如下。

语法格式:

```
select select_list                    /*指定要选择的列及其限定*/
    from  table_source                /*from 子句,指定表或视图*/
    [ where search_condition ]        /*where 子句,指定查询条件*/
```

```
[ group by group_by_expression ]              /*group by 子句，指定分组表达式*/
[ having search_condition ]                   /*having 子句，指定分组统计条件*/
[ order by order_expression [ ASC | DESC ]]   /*order 子句，排序表达式和顺序*/
```

4.1.1 选择列

（1）检索一个表中指定的列。

【例 4.1】查询数据库中的 xsb 表中各个同学的学号、姓名、总学分。

```
select c_xh,c_xm,c_zxf from xsb
```

（2）检索一个表中所有的列。

【例 4.2】查询数据库中的 xsb 表中所有列。

```
select *from xsb
```

（3）使用别名。

【例 4.3】查询学生表 xsb 中所有学生的学号、姓名及总学分，结果中各列的标题用中文显示。

```
select c_xh as 学号,c_xm as 姓名,c_zxf as 总学分 from xsb
```

（4）计算列值。

【例 4.4】显示成绩增加 10%后各位同学的学号、课程编号及成绩。

```
select c_xh,c_kch,c_cj*1.1 from cjb
```

计算列值使用算术运算符：+（加）、-（减）、*（乘）、/（除），它们均可用于数字类型的列的计算。

（5）消除结果集中的重复行。

对表只选择其某些列时，可能会出现重复行。例如，若对数据库的 xsb 表只选择 c_zy 和 c_zxf，则出现多行重复的情况。可以使用 distinct 关键字消除结果集中的重复行，其格式是：

```
select distinct column_name [ , column_name…]
```

关键字 distinct 的含义是对结果集中的重复行只选择一个，保证行的唯一性。

【例 4.5】对数据库的 xsb 表只选择 c_zy 和 c_zxf，消除结果集中的重复行。

```
select distinct c_zy as 专业,c_zxf as 总学分
    from xsb;
```

与 distinct 相反，如果将 distinct 换为 all 时，将列出所有的记录。在 select 中不写 distinct 与 all 时，默认值为 all。

4.1.2 选择行

（1）条件检索。在 select 语句中，通过使用 where 子句能够获得符合指定条件的记录集，查询条件可以由单个返回逻辑值的表达式生成，也可以由多个返回逻辑值的表达式组合生成，各个表达式通过逻辑运算符组合起来。

【例 4.6】查询 xsb 表中计算机专业总学分大于 40 的同学的情况。

```
select *
    from xsb
```

where c_zy= '计算机' AND c_zxf>=40;

【例 4.7】显示所有在 1993－1995 年之间出生的学生信息。

select *
from xsb
where c_csrq>=to_date('1993-01-01','yyyy-mm-dd')
and c_csrq<to_date('1996-01-01','yyyy-mm-dd')

（2）使用 between…end 指定范围。在 select 语句中，通过使用 between… end 实现查询某一范围内的所有数据记录，语法格式如下：

表达式 between 下限值 and 上限值

between…and 语句相当于一个复合条件表达式，类似如下结构：

表达式>=下限值 AND 表达式<=上限值

与 between…end 相对的关键字是 not between…and，表示不在该范围内的所有数据记录，语法格式如下 not（表达式 between 下限值 and 上限值）。

【例 4.8】显示所有在 1992－1994 年之间出生的学生信息。

select *
from xsb
where c_csrq between to_date('1992-01-01','yyyy-mm-dd')
and to_date('1995-01-01','yyyy-mm-dd')

【例 4.9】查询 xsb 表中不在 1993 年出生的学生情况。

select *
from xsb
where c_csrq   not between to_date('1993-01-01','yyyy-mm-dd')
and to_date('1994-01-01','yyyy-mm-dd')

（3）使用 in 指定查询集合。如果查询范围内的数据值数量有限，可以使用枚举的方式在集合中指定，并使用 in 关键字从集合中逐个比较，语法格式如下：

表达式 in(值 1[,值 2,…])

该表达式相当于一个复合条件表达式，类似如下结构：

表达式=值 1 or 表达式=值 2 [or 表达式=值 3…]

与 in 相对的关键字是 not in，表示不在该集合中的所有数据记录。

【例 4.10】查询 xsb 表中学号为 101101、101102、101103 的情况。

select * from xsb
where c_xh in ('101101','101102','101103')

该语句与下列语句等价：

select * from xsb
where c_xh='101101' or c_xh = '101102' or c_xh='101103'

（4）使用 like 操作符模糊查询。like 操作符用于执行模糊查询，在 like 指定的关系表达式中可以使用的通配符有"%"和"_"，其中"%"可以代替多个字符，"_"可以代替一个字符。like 谓词表达式的格式为：

string_expression [NOT] LIKE string_expression [ESCAPE escape_character]

【例 4.11】查询 xsb 表中姓"张"且单名的学生情况。

select *
　　from xsb
　　where c_xm like '张_';

【例 4.12】查询 xsb 表姓名中包含"涛"的学生信息。

select *
　　from xsb
　　where c_xm like '%涛%';

（5）空值判断查询。对于那些允许空值的列，可以使用 is null 或 is not null 来判断其值是否为空。当需要判定一个表达式的值是否为空值时，使用 is null 关键字，格式为：

expression is [not] null

当不使用 not 时，若表达式 expression 的值为空值，返回 true，否则返回 false；当使用 not 时，结果刚好相反。

【例 4.13】查询 xsb 表总学分还不定的学生情况。

select *
　　from xsb
　　where c_xf is null;

也可以用以下的语句来提取：

select * from xsb where nvl(c_xf,0)=0

（6）子查询。

1）in 子查询。in 子查询用于进行一个给定值是否在子查询结果集中的判断，格式为：

expression [NOT] IN　(Subquery)

其中 subquery 是子查询。当表达式 expression 与子查询 subquery 的结果表中的某个值相等时，in 谓词返回 true，否则返回 false；若使用了 not，则返回的值刚好相反。

【例 4.14】在数据库中查找选修了课程号为 110 课程的学生情况：

select *
from xsb
where c_xh in
(select c_xh from cjb where c_kch= '110');

在执行包含子查询的 select 语句时，系统先执行子查询，产生一个结果表，再执行查询。

2）比较子查询。这种子查询可以认为是 in 子查询的扩展，它使表达式的值与子查询的结果进行比较运算，格式为：

expression { < | <= | = | > | >= | != | <>　} { all | some | any } (subquery)

其中 expression 为要进行比较的表达式，subquery 是子查询。all、some 和 any 说明对比较运算的限制。

【例 4.15】查找比所有通信系学生年龄都小的学生。

select *

```
    from xsb
    where   c_csrq <all
    ( select c_csrq
          from xsb
          where c_zy= '通信'
    );
```

也可以用以下的语句来提取：

```
select *
    from xsb
    where   c_csrq <
       ( select min(c_csrq)
             from xsb
             where c_zy= '通信'
    );
```

3）exists 子查询。exists 谓词用于测试子查询的结果是否为空表，若子查询的结果集不为空，则 exists 返回 true，否则返回 false。exists 还可与 not 结合使用，即 not exists，其返回值与 exist 刚好相反。格式为：

[not] exists (subquery)

【例 4.16】查找选修 110 号课程的学生情况。

```
select *
    from xsb
    where exists
    ( select *
          from cjb
          where c_xh=xsb.c_xh and c_kch= '110'
    );
```

4.1.3 连接

select 语句可以用来检索表中的数据。select 语句不仅能够查询单个表中的数据，还可以用来显示多个表中的数据。在很多情况下，需要查询的数据常常涉及多个表，这时需要对多个表进行连接查询。

（1）连接谓词。

可以在 select 语句的 where 子句中使用比较运算符给出连接条件对表进行连接，将这种表示形式称为连接谓词表示形式。

【例 4.17】查询数据库学生选修课程及学生的信息。

```
select *
    from xsb , cjb
    where xsb.c_xh=cjb.c_xh;
```

连接谓词中的比较符可以是<、<=、=、>、>=、!=和<>，当比较符为"="时，就是等值连接。若在目标列中去除相同的字段名，则为自然连接。

【例 4.18】查找选修了 110 课程且成绩在 70 分以上的学生姓名和成绩。

```
select c_xm as 姓名,c_cj as 成绩
    from xsb , cjb
    where xsb.c_xh = cjb.c_xh and c_kch = '110 ' and c_cj >= 70;
```

【例 4.19】查找选修了"计算机基础"课程且成绩在 80 分以上的学生学号、姓名、课程名及成绩。

```
select   xsb.c_xh, c_xm,c_kcm,c_cj
    from xsb , kcb , cjb
    where xsb.c_xh=cjb.c_xh
    and kcb.c_kch = cjb.c_kch
    and c_kcm='计算机基础' and c_cj>80
```

（2）以 join 关键字指定的连接。

PL/SQL 扩展了以 join 关键字指定连接的表示方式，使表的连接运算能力有了加强。连接表的格式为：

```
< table_source> <join_type><table_source> on <search_condition>
|<table_souce>cross join <table_source>
|<joined_table>
```

其中，table_source 为需要连接的表，join_type 表示连接类型，on 用于指定连接条件。join_type 的格式为：

```
[ inner |{left|right|full}[outer][<join_hint>] cross join
```

其中，inner 表示内连接，outer 表示外连接，join_hint 是连接提示。cross join 表示交叉连接。因此，以 join 关键字指定的连接有三种类型。

1）内连接。

内连接按照 on 所指定的连接条件合并两个表，返回满足条件的行。

【例 4.20】查找 xscj 数据库每个学生的情况以及选修的课程情况。

```
select *
    from xsb inner join cjb
        on xsb.c_xh=cjb.c_xh
```

结果表将包含 xsb 表和 cjb 表的所有字段（不去除重复学号字段）。

内连接是系统默认的，可以省略 inner 关键字。使用内连接后仍可用 where 子句指定条件。

【例 4.21】用 from 的 join 关键字表达下列查询：查找选修了 206 课程且成绩在 80 分以上的学生姓名和成绩。

```
select c_xm,c_cj from xsb join cjb on xsb.c_xh=cjb.c_xh
where c_kch='206' and c_cj>80
```

内连接还可以用于多个表的连接。

【例 4.22】用 from 的 join 关键字表达下列查询：查询选修了"计算机基础"课程且成绩在 80 分以上的学生学号、姓名、课程名及成绩。

```
select xsb.c_xh,xm,c_kcm,c_cj
from xsb
join cjb join kcb on cjb.c_kch=kcb.c_kch
on xsb.c_xh=cjb.c_xh
where c_kcm='计算机基础' and c_cj>80
```

【例 4.23】查找不同课程成绩相同的学生的学号、课程号和成绩。

```
Select a.c_xh , a.c_kch , b.c_kch , a.c_cj from cjb a join cjb b on a.c_cj=b.c_cj
And a.c_xh=b.c_xh and a.c_kch!=b.c_kch;
```

2）外连接。

外连接的结果表不但包含满足条件的行，还包括相应表中的所有行。外连接包括以下三种。

——左外连接（left outer join）：结果表中除了包含满足连接条件的行外，还包括左表的所有行。

——右外连接（right outer join）：结果表中除了包含满足连接条件的行外，还包括右表的所有行。

——完全外连接（full outer join）：结果表中除了包含满足连接条件的行外，还包括所有表的所有行。

以上外连接中的 outer 关键字均可省略。

【例 4.24】查找所有学生情况及他们选修的课程号，若学生未选修任何课，也要包括其情况。

```
select xsb.*,c_kch
from xsb left outer join cjb on xsb.c_xh=cjb.c_xh;
```

本例执行时，若有学生未选修任何课程，则结果表中相应行的课程号字段值为 null。

【例 4.25】查找被选修了的课程的选修情况和所有开设的课程名。

```
select cjb.* , c_kcm
from cjb right join kcb on cjb.c_kch=kcb.c_kch;
```

本例执行时，若有课程未被选修，则结果表中相应行的学号、课程号和成绩字段值为 null。

注意：外连接只能对两个表进行。

3）交叉连接。交叉连接实际上是将两个表进行笛卡尔积运算，结果表是由第一个表的每一行与第二个表的每一行拼接后形成的表，因此结果表的行数等于两个表行数之积。

【例 4.26】列出学生所有可能的选课情况。

```
select c_xh,xm,c_kch,c_kcm
    from xsb cross join kcb;
```

注意：交叉连接也可以使用 where 子句进行条件限定。

4.1.4 汇总

对表数据进行检索时，经常需要对结果进行汇总或计算，例如在学生成绩数据库中求某门课程的总成绩、统计分数段的人数等。

1. 统计函数

统计函数用于计算表中的数据，返回单个计算结果。

（1）sum 和 avg 函数。sum 和 avg 函数分别用于求表达式中所有值项的总和与平均值，语法格式为：

SUM/AVG ([ALL | DISTINCT] expression)

其中，expression 是常量、列、函数或表达式。sum 和 avg 函数只能对数值型数据进行计算。all 表示对所有值进行运算，distinct 表示去除重复值，默认为 all。sum/avg 函数计算时忽略 null 值。

【例 4.27】求选修 101 课程的学生的平均成绩。

select avg(c_cj) 课程 101 平均成绩
from cjb
where c_kch='101'

（2）max 和 min 函数。max 和 min 函数分别用于求表达式中所有值项的最大值与最小值，语法格式为：

max/min ([all|distinct]expression)

其中，expression 是常量、列、函数或表达式，其数据类型可以是数字、字符和时间日期类型。all 表示对所有值进行运算，dintinct 表示去除重复值，默认为 all。max/min 函数计算时忽略 null 值。

【例 4.28】求选修 101 课程的学生的最高分和最低分。

select max(c_cj) as 课程 101 的最高分,min(c_cj) as 课程 101 的最低分
from cjb
where c_kch='101'

（3）count 函数。count 函数用于统计组中满足条件的行数或总行数，语法格式为：

count({[all | distinct]expression}|*)

其中，expression 是一个表达式。all 表示对所有值进行运算，distinct 表示去除重复值，默认为 all。选择* 时将统计总行数。count 函数计算时忽略 null 值。

【例 4.29】

（1）求学生的总人数：

select count(*) as 学生总人数
from xsb;

count()不需要任何参数。

（2）求选修了课程的学生总人数：

select count(distinct c_xh) as 选修了课程的总人数
from cjb;

（3）统计离散数学课程成绩在 80 分以上的总人数：

select count(c_cj) as 离散数学 80 分以上的总人数
　　from cjb

```
where c_cj>80 and c_kch=(select c_kch
From kcb
Where c_kcm='离散数学')
```

2. group by 子句

group by 子句用于对表或视图中的数据按字段分组，语法格式为：

```
group by [all] group_by_expression [~~~n]
```

group_by_expression 是用于分组的表达式，其中通常包含字段名。指定 all 将显示所有组。使用 group by 子句后，select 子句中的列表中只能包含在 group by 中指出的列或在统计函数中指定的列。

【例 4.30】将 xscj 数据库中各专业输出。

```
select c_zy as 专业
    from xsb group by c_zy
```

【例 4.31】求 xscj 数据库中各专业的学生数。

```
select c_zy as 专业,count(*) as 学生数
from xsb
group by c_zy;
```

【例 4.32】求被选修的各门课程的平均成绩和选修该课程的人数。

```
select c_kch as 课程号,avg(c_cj) as 平均成绩，count(c_xh) as 选修人数
from cjb group by c_kch;
```

3. having 子句

使用 group by 子句和统计函数对数据进行分组后，还可以使用 having 子句对分组数据进行进一步的筛选。例如查找 xscj 数据库中平均成绩在 80 分以上的学生，就是在 cjb 数据库上按学号分组后筛选出符合平均成绩大于等于 80 的学生。

having 子句的语法格式为：

```
[having <search_condition>]
```

其中，search_condition 为查询条件，与 where 子句的查询条件类似，不过不同的是 having 子句可以使用统计函数，而 where 子句不可以。

【例 4.33】查找 xscj 数据库中平均成绩在 85 分以上的学生的学号和平均成绩。

```
select c_xh as 学号,avg(c_cj) as 平均成绩
from cjb
group by c_xh
having avg(c_cj)>=80;
```

在 select 语句中，当 where、group by、与 having 子句都被使用时，要注意它们的作用和执行顺序：where 用于筛选由 from 指定的数据对象；group by 用于对 where 的结果进行分组；having 则是对 group by 子句以后的分组数据进行过滤。

【例 4.34】查找选修课程超过两门且成绩都在 80 分以上的学生的学号。

```
select c_xh as 学号
    from cjb
```

```
where c_cj>=80
group by c_xh
having count(*)>2;
```
查询将 cjb 中成绩大于或等于 80 的记录，按学号分组，对每组记录记数选出记录数大于 2 的各组学号值形成结果表。

【例 4.35】查找通信工程专业平均成绩在 85 分以上的学生的学号和平均成绩。

```
select c_xh as 学号, avg(c_cj) as 平均成绩
from cjb
where c_xh in (select c_xh
               from xsb
               where c_zy='通信工程')
group by c_xh
having avg(c_cj)>= 85;
```

先执行 where 查询条件中的子查询，得到通信工程专业所有学生的学号集；然后对 cjb 中的每条记录，判断其学号字段是否在前面所求得的学号集中；若否，则跳过该记录，继续处理下一条记录；若是，则加入 where 的结果集。对 cjb 筛选完后，按学号进行分组，再在各分组记录中选出平均值大于等于 85 的记录形成最后的结果集。

4.1.5 排序

在应用中经常要对查询的结果排序输出，例如学生成绩由高到低排序。在 select 语句中，使用 order by 子句对查询结果进行排序。Order by 子句的语法格式为：

[order by {order_by_expression[asc|desc]}[~~~n]

其中 order_by_expression 是排序表达式，可以是列名、表达式或一个正整数，当 expression 是一个整数时，表示按表中的该位置上列排序。关键字 asc 表示升序排列，desc 表示降序排列，系统默认是 asc。

【例 4.36】将通信工程专业的学生按出生时间先后排序。

```
select * from xsb
where c_zy='通信工程'
order by c_csrq;
```

【例 4.37】将计算机专业学生的"计算机基础"课程成绩按降序排列。

```
select c_xm as 姓名,c_kcm as 课程名,c_cj as 成绩
from xsb,kcb,cjb
where xsb.c_xh=cjb.c_xh and cjb.c_kch=kcb.c_kch
and c_kcm='计算机基础' and c_zy='计算机'
order by c_cj desc;
```

4.1.6 union 语句

使用 union 子句可以将两个或者多个 select 查询的结果合并成一个结果集，其语法格式为：

{<query specification>|(query expression)}
union [all] <query specification>|(<query expression>)
[union [all] <query specification>|(<query expression >)[~~~n]]

其中 query specification 和 query expression 都是 select 查询语句。

使用 union 组合两个查询的结果集的两条基本规则如下。

（1）所有查询中的列数和列的顺序必须相同。

（2）数据类型必须兼容。

关键字 all 表示合并的结果中包括所有行，不去除重复行。不使用 all 则在合并的结果中去除重复行。含有 union 的 select 查询也成为联合查询。

【例 4.38】查找学号为 101101 和学号为 101210 两位同学的信息。

```
select * from xsb
where c_xh='101101'
union all
select * from xsb
where c_xh='101210'
```

uoion 操作常用于归并数据，例如归并月报表形成年报表、归并各部门报表数据等。注意 union 还可以与 group by 及 order by 一起使用，用来合并所得的结果表进行分组或排序。

4.2 数据库视图

4.2.1 视图的概念

视图是从一个或多个表（或视图）导出的表。例如，对于一个学校，其学生的情况存于数据库的一个或多个表中，而作为学校的不同职能部门，所关心的学生数据的内容是不同的。即使是同样的数据，也可能有不同的操作要求，于是就可以根据他们的不同需求，在物理的数据库上定义他们对数据库所要求的数据结构，这种根据用户观点所定义的数据结构就是视图。

视图与表（有时为与视图区别，也称表为基表——Base Table）不同，视图是一个虚表，即视图所对应的数据不进行实际存储，数据库中只存储视图的定义，对视图的数据进行操作时，系统根据视图的定义去操作与视图相关联的基表。

视图可以由以下任意一项去完成：一个基表的任意子集、两个或两个以上基表的合集、两个或两个以上基表的交集、对一个或多个基表运算的结果集合、另一个视图的子集。

视图一经定义后，就可以像表一样被查询、修改、删除和更新。使用视图有下列优点：

（1）为用户集中数据，简化用户的数据查询和处理。有时用户所需要的数据分散在多个表中，定义视图可将它们集中在一起，从而方便用户的数据查询和处理。

（2）屏蔽数据库的复杂性。用户不必了解复杂数据中的表结构，并且数据库表的更改也不影响用户对数据库的使用。

（3）简化用户权限的管理。只需授予用户使用视图的权限，而不必指定用户只能使用表的特定列，同时也增加了安全性。

（4）便于数据共享。各个用户对于自己所需要的数据不必都进行定义和存储，可共享数据库的数据，这样同样的数据只需存储一次。

（5）可以重新组织数据，以便输出到其他应用程序中。

4.2.2 创建视图

视图在数据库中是作为一个对象来存储的。创建视图前，要保证创建视图的用户已被数据库所有者授权可以使用 create view 语句，并且有操作视图所涉及的表或其他视图的授权。在 Oracle 中，可以在 SQL Plus 或者 PL/SQL 中使用 create view 来创建视图。

1. 使用 create view 语句创建视图

PL/SQL 中用于创建视图的语句是：create replace view。

语法格式为：

```
create [ or replace ] [force |noforce] view [schema. ] view_name
        [ (column_name[….n]))
    as
    select_statement
    [ with check option [constraint constraint_name]]
[ with read only]
```

说明：

（1）or replace：表示在创建视图时，如果已经存在同名的视图，则要重新创建。如果没有此关键字，则需将已经存在的视图删除后才能创建。在创建其他对象时也可使用此关键字。

（2）force：表示强制创建一个视图，无论视图的基表是否存在或拥有者是否有权限，但创建视图的语句语法必须是正确的。noforce 则相反，表示不强制创建一个视图，系统默认为 noforce。

（3）view_name：视图名。schema 是用户账号，指定将创建的视图所属用户方案，默认当前登录的账号。

（4）column_name：列名。它是视图中包含的列，可以有多个列名。若使用与原表或视图中相同的列名时，则不必给出 column_name。

（5）select_statement：用来创建视图的 select 语句，可在 select 语句中查询多个表或视图，以表明新视图所参照的表或视图。

（6）with check option：指出在视图上所进行的修改都要符合 select_statement 所指定的限制条件，这样可以确保数据修改后，仍可通过视图查询到修改的数据。例如：对于 cs_xs 视图，只能修改除"c_zy"字段以外的字段值，而不能把"c_zy"字段的值改为"计算机"以外的值，以保证仍可通过 cs_xs 查询到修改后的数据。

（7）constraint_name：约束名称，默认值为 SYS_Cn，n 为整数（唯一）。

(8) with read only：规定视图中不能执行删除、插入、更新操作，只能检索数据。

视图的内容就是 select_statement 语句指定的内容。视图可以非常复杂，在下列一些情况下，必须指定列的名称。

- 由算术表达式，系统内置函数或者常量得到的列。
- 共享同一个表名连接得到的列。
- 希望视图中的列名与基表中的列名不同的时候

注意：视图只是逻辑表，它不包含任何数据。

【例 4.39】创建 cs_kc 视图，包括计算机专业各年级的学号、其选修的课程号及成绩。要保证对该视图的修改都要符合专业名为"计算机"这个条件。

```
create or replace view cs_kc
as
select xsb.c_xh,cjb.c_cj
    from xsb,cjb
    where xsb.c_xh=cjb.c_xh and c_zy='计算机'
with check option;
```

创建视图时，原表可以是基表也可以是视图。

如：

```
create or replace view xs
as
select *
    from xsb
```

【例 4.40】创建计算机专业学生的平均成绩视图 cs_kc_avg，包括学号（在视图中名为 num）和平均成绩（在视图中列名为 score_avg）。

```
create or replace view cs_kc_avg(num,score_avg)
as
select c_xh,avg(c_cj)
from cjb
group by c_xh;
```

4.2.3　查询视图

视图定义后，如同查询基表那样对视图进行查询。

【例 4.41】查找计算机专业学生学号和选修的课程号。

```
select c_xh,c_kch
from cs_kc;
```

【例 4.42】查找平时成绩在 80 分以上学生的学号和平时成绩。

本例首先创建学生平时成绩视图 xs_kc_avg，包括学号（在视图中列名为 num）和平均成绩（在视图中列名为 score_avg）。

```
create or replace view xs_kc_avg(num,score_avg)
```

```
    as
select c_xh,avg(c_cj)
    from cjb
group by c_xh;
```
再对 xs_kc_avg 视图进行查询。
```
select *
from xs_kc_avg
where score_avg>=80;
```
从以上两例可以看出，创建视图可以向最终用户隐藏复杂的表链接，简化了用户的 SQL 程序设计。视图还可通过在创建视图时制定限制条件和指定列来限制用户对基表的访问。例如，若限定某用户只能查询 cs_xs，实际上就是限制了他只能访问 xsb 表的专业字段值为"计算机"的行。在创建视图时可以指定列，实际上也就是限制了用户只能访问这些列，从而视图也可视作数据库的安全措施。

使用视图查询时，若其关联的基表中添加了新字段，则必须重新创建视图才能查询到新字段。例如：若 xsb 表新增了"籍贯"字段，在该表上创建的视图 cs_xs 若不重建视图，那么以下查询：
```
select * from cs_xs
```
结果将不包含"籍贯"字段。只有重建 cs_xs 视图后再对该表进行查询，结果才会包含"籍贯"字段。如果与视图相关联的表或视图被删除，则该视图将不能再使用。

4.2.4　更新视图

通过更新视图（包含插入、修改和删除操作）数据可以修改基表数据，但并不是所有的视图都可以更新，只有对满足可更新条件的视图，才能进行更新。

1. 可更新视图

要通过视图更新基表数据，必须保证视图是可更新视图。可更新视图满足以下条件：

（1）没有使用连接函数、集合运算函数和组函数；

（2）创建视图的 select 语句中没有聚合函数且没有 group by、connect by、start with 子句及 distinct 关键字；

（3）创建视图的 select 语句中不包含从基表列通过计算所得列；

（4）创建视图没有包含只读属性。

例如，前面创建的视图 cs_xs 和 cs_kc 是可更新视图，而 cs_kc_avg 是不可更新的视图。

【例 4.43】在 xscj 数据库中使用以下语句创建可更新视图 cs_xs1。
```
create or replace view cs_xs1
    as
select *
    from xsb
where c_zy='通信工程';
```

2. 插入数据

使用 insert 语句通过视图向基本表插入数据。

【例 4.44】向 cs_xs 视图中插入一条记录：

('101115','刘明义','计算机','男','1984-3-2','50','三好学生')

```
insert into cs_xs1
values('101115','刘明义','男',to_date('1984-3-2','YYYY-MM-DD'),'计算机',50,'三好学生');
```

使用 select 语句查询 cs_xs 依据的基本表 xsb：

```
Select * from xsb;
```

将会看到该表已添加了学号 101115 的数据行。

当视图所依赖的基本表有多个时，不能向该视图插入数据，因为这将会影响多个基表。例如不能向视图 cs_kc 插入数据，因为 cs_kc 依赖 xsb 和 cjb 两个基本表。

3. 修改数据

使用 update 语句可以通过视图修改基本表的数据。

【例 4.45】将 cs_xs 视图中所有学生的总学分增加 8 分。

```
update cs_xs
set 总学分=总学分+8;
```

该语句实际上是将 cs_xs 视图所依赖的基本表 xsb 中，所有专业为"计算机"的记录的总学分字段值在原来基础上增加 8 分。

若一个视图依赖于多个基本表，则修改一次该视图只能变动一个基本表的数据。

【例 4.46】将 cs_kc 视图中 101 号课程成绩改为 90。

```
update cs_kc
set c_cj=90
where c_xh='101101'
```

本例中，视图 cs_kc 依赖于 xsb 和 kcb 两个基本表，对 cs_kc 视图的一次修改只能改变学号（源于 xsb 表）或者课程号和成绩（源于 cjb 表）。例如以下的修改是错误的：

```
update cs_kc
set c_xh='101120',c_kch='208'
where c_cj=90
```

4. 删除数据

使用 delete 语句可以通过视图删除基本表的数据。但要注意，对于依赖于多个基本表的视图，不能使用 deletet 语句。例如，不能通过对 cs_kc 视图执行 delete 语句而删除与之相关的基本表 xsb 表及 cjb 表的数据。

【例 4.47】删除视图 cs_xs 中女同学的记录。

```
delete from cs_xs
where xb='女';
```

4.2.5 修改视图的定义

Oracle 提供了 alter view 语句，但它不是用于修改视图定义，只是用于重新编译或验证现有视图。在 Oracle 11g 系统中，没有单独的修改视图的语句，修改视图定义的语句就是创建视图的语句。

修改视图而不是删除视图和重建视图的好处在于，所有相关的权限等安全性都依然存在。如果是删除和重建名称相同的视图，那么系统依然把其作为不同的视图来对待。

【例 4.48】修改视图 cs_kc 的定义，包括学号、姓名、选修的课程号、课程名和成绩。

```
create or replace force view cs_kc
as
select xs.c_xh,xs.c_xm,xs_kc.c_kch,kc.c_kcm,c_cj
from xs,xs_kc,kc
where xs.c_xh=xs_kc.c_xh and xs_kc.c_kch=kc.c_kch
      and c_c_zym='通信工程'
with check option;
```

4.2.6 删除视图

如果不需要视图了，可以通过 OEM、SQL developer 和 PL/SQL 语句三种方式，把视图的定义从数据库删除。删除一个视图，就是删除其定义和赋予的全部权限。另外，如果继续使用基于已经删除的视图创建的视图，那么会得到一个错误信息。

使用 SQL 语句删除视图。删除视图的 SQL 语句为：drop view，格式为：

```
drop view [schema.] view_name
```

其中 schema 是所要删除视图的用户方案，view_name 是要删除的视图名。

【例 4.49】删除视图 cs_kc。

```
drop view cs_kc
```

4.3 格式化输出结果

在日常工作当中，经常需要提供各式各样的报表。另外，在执行各种查询时，有许多条件不能事先确定，只能在实际执行时才能根据实际情况来确定。这些内容客观上要求提供格式化的报表。前面学过的查询语句中，查询的结果只是按照简单的二维表来显示数据。为了提供格式化的报表，需要掌握替换变量、动态修改页头标和页脚标等技术。

4.3.1 替换变量

在 SQL*Plus 环境中，可以使用替换变量来临时存储有关的数据。Oracle 使用三种类型的替换变量。

1. &替换变量

在 select 语句中,如果某个变量前面用了&符号,那么表示该变量是一个替换变量。在执行 select 语句时,系统会提示用户为该变量提供一个具体的值。

【例 4.50】查询 xscj 数据库 xsb 表计算机专业的同学情况。

```
select c_xh as 学号,xm as 姓名
    from xsb
where c_zy=&special_name;
```

本例中,where 子句中使用了一个变量&special_name。该变量前面加上了"&"符号,因此是替换变量。当执行 select 语句时,SQL*Plus 或 SQL developer 都会提示用户为该变量赋值。输入"计算机",然后执行 select 语句。

(注意:替换变量是字符类型或日期类型的数据,输入值必须用单引号括起来。)

对于替换变量是字符类型或日期类型的数据,为了在输入数据时不需要输入单引号,可以在 select 语句中把变量用单引号括起来。

【例 4.51】在上述例子中,使用如下 select 语句:

```
select c_xh as 学号, xm as 姓名
    from xsb
where c_zy='&special_name';
```

为了在执行变量替换之前,显示如何执行替换的值,可以使用 set verify 命令。

【例 4.52】查找平均成绩在 80 分以上的学生的学号、姓名和平均成绩。

```
set verify on
select * from xs_kc_avg
    where score_avg>= &score_avg;
```

替换变量不仅可以用在 where 子句中,而且还可以用在下列情况中。

(1) order by 子句。

(2) 列表达式。

(3) 表名。

(4) 整个 select 语句。

【例 4.53】查找选修了"离散数学"课程的学生学号、姓名、课程名及成绩。

```
select xsb.c_xh,&name,c_kcm,&column
    from xsb,kcb,cjb
where xsb.c_xh=cjb.c_xh and &condition
        and c_kcm=&c_kcm
order by &column
```

2. &&替换变量

在 select 语句中,如果希望重复使用某个变量并且不希望重复提示输入该值,可以使用"&&"替换变量。

在例 4.53 中,包含了一个变量&column,这个变量出现了两次,如果只是使用"&"符号

来定义替换变量，那么系统会提示用户输入两次变量，例 4.53 中为该变量提供了相同的值"cj"。如果在输入变量&column 值时，两次输入的值不同，则系统将该变量作为两个不同的变量解释。

为了避免为同一个变量提供两个不同的值，且使系统为同一个变量值提示一次信息，可以使用"&&"替换变量。

【例 4.54】查询选修课程超过两门且成绩在 75 分以上学生的学号。

```
select &&column
from cjb
where c_cj>=75
group by &column
having count(*)>2;
```

3. define 和 accept 命令

为了在 PL/SQL 语句中定义变量，可以使用 define 和 accept 命令。

（1）define 命令用来创建一个数据类型为 char 用户定义的变量。相反的，使用 undefine 命令可以清除定义的变量。

语法格式：

```
define [ variable [=value]]
```

其中，如果不带任何参数，直接使用 define 命令，则显示所有用户定义的变量。variable 是变量名，value 是变量的值。define value 是显示指定变量的值和数据类型。define variable=value 是创建一个 char 类型的用户变量，且为该变量赋初值。

【例 4.55】定义一个变量 specialty，并为它赋值"通信工程"。然后，显示该变量信息。

```
define specialty='通信工程'
define specialty
```

显示结果为：define specialty='通信工程' (char)

【例 4.56】查询专业为'通信工程'的学生情况，引用上例中定义的变量 specialty。

```
select c_xh,c_xm,c_xb,c_csrq,c_xf
from xsb
where c_zy='&specialty';
```

（2）使用 accept 命令可以指定一个用户提示，用来提示用户输入指定的数据。在使用 accept 定义变量时，可以明确的指定该变量是 number 数据类型还是 date 数据类型。为了安全性，还可以隐藏用户的输入。

语法格式：

```
accept variable[ datatype] [format format]
       [ prompt text ] [ hide]
```

其中，variable 指定接受值的变量，如果该名称的变量不存在，那么 SQL*Plus 自动创建该变量。datatype 为变量数据类型，可以是 number、char 和 date 类型，默认的数据类型为 char。format 关键字定义由 fromat 指定的格式模式。prompt 关键字指定由 text 确定的在用户输入数据之前显示的提示文本。hide 指定是否隐藏用户的输入。

【例 4.57】使用 accept 定义一个变量 num，且指定提示文本。根据这个变量的值查询选修课程的学生学号、课程名和成绩情况。

Accept num prompt '请输入课程号：'

4.3.2 定制 SQL*Plus 环境

在 SQL*Plus 中，有许多参数可控制 SQL*Plus 的输出显示格式。利用 SQL*Plus 命令 show all，用户能知道当前显示格式的设置。

用户可以设置其中很多参数来改变当前工作环境。使用 set 命令可以控制当前环境的设置。语法格式为：

set system_variable value

说明：system_variable 变量用来控制当前环境，包括上面用 show all 命令输出的所有显示格式参数。value 为该系统变量的值。

下面介绍更改其中一些主要参数的命令。

1. 页和行的大小

命令 set linesize 指定页宽是多少，最常用的设置为 80 和 120。

例如：设置行宽为 50，设置页的长度为 30。

set pagesize 命令指定页的长度是多少，常用设置为 55 和 60。为了更容易地看到分页，可以使用下列所示的设置，把页长指定为 30。

命令如下：

set linesize 50
set pagesize 30

2. 页头标

可用 ttitle 命令设置每页的标题。ttitle 命令包括许多参数。通常使用的默认设置为：标题文本在行中央，每页上都有日期和页号。如果需要两行头标，则需要使用竖字符（|）。

例如：在报表居中放大文本"选修计算机基础课程"为第一个头标行，文本"学生成绩报表"居中放置在第二行。

ttitle '选修计算机基础课程|学生成绩报表'

3. 页脚标

可用 btitle 命令在每页的底部指定一些信息。建议用户将程序名放在这里，如果用户需要修改一个报表时，只要确定页底部的程序名，就可知道修改哪个报表，这有助于避免混淆。例如：下列命令指定报表的页脚标为 "---report1---"。

btitle '---report.sql---'right

用户可以使用 left 或者 right 定位关键字将文字放到相应的位置。如果 btitle 命令中没有使用定位关键字，Oracle 将文本置于行中央。

4. 格式化输出表列

使用 column 命令可以格式化实际的表列数据，以满足用户的不同需求。例如：

下列命令设置表 xsb 的 c_xh 和 xm 列的格式。

column c_xh format a8 wrap heading '学号'
column xm format a8 heading '姓名'

按照上面介绍的方法，设置指定页头标、页脚标等，然后执行如下语句：

select c_xh,c_xm,c_xb,c_csrq,c_zy
from xsb
where c_xf>=50;

format 子句可用于规定显示每个数值的位数，并指明在何处插入逗号。

例如：

column c_cj format 999,999,999,999.00 heading 'c_cj'

使用该语句后，指定显示 12 位数字、2 位小数，用逗号作为分隔符。

column 命令设置后，一直保持有效。除非重新使用 column 设置该列或者用 column <column name> clear 命令清空。

5

数据库备份与恢复

知识提要：

掌握数据库的备份与恢复方法。

教学目标：

- 掌握数据库运行模式的切换；
- 掌握脱机备份与恢复；
- 掌握联机备份与恢复；
- 掌握使用 EXP/IMP 命令导出/导入数据；
- 掌握 OEM 导出/导入数据。

5.1 数据库的物理备份

所谓备份，其实就是冗余，本质是将当前的数据复制一份（也可能是多份）到其他位置，这样当原始数据由于各种原因导致无法访问或错误时，可以通过冗余将其修复到备份时的状态。Oralce 备份包括控制文件、数据文件和重做日志文件等。数据恢复就是指在发生故障时，将被备份的数据库信息还原到数据库中，使数据库恢复到发生故障之前的状态。

Oracle 中的备份从类型上可以分为两类：物理备份和逻辑备份。

1. 物理备份与逻辑备份

物理备份的核心是复制文件。对于 Oracle 数据库来讲，就是将数据文件、控制文件、归档文件等 Oracle 数据库启动时所必须的相关物理文件，复制到其他路径或存储设备中。以避免物理故障造成损失。物理备份有两种方式：冷备份与热备份。逻辑备份的核心是复制数据。这种复制方式不管数据库中具体是哪些文件存储数据，而是按照 Oracle 提供的命令，通过逻辑的方式直接将数据保存在其他位置。逻辑备份通常是 SQL 语句的集合，这些 SQL 语句用来重新创建数据库对象和数据库表中的记录。

2. 冷备份与热备份

冷备份也称为脱机备份，是指在关闭数据库之后所进行的备份。热备份也称为联机备份，是指在不关闭数据库的情况下对数据库进行备份，在备份时用户仍然可以连接并操作数据，对于 7×24 小时的应用而言往往必须进行热备份。

数据库有两种日志模式，即归档模式和非归档模式。如果数据库处于非归档模式，只能对其进行冷备份。如果数据库处理归档模式下，则可以对其进行冷备份或热备份。

3. 一致性备份与不一致性备份

一致性备份的数据文件和控制文件拥有相同的 SCN（System Change Number），即一致性备份。只有当数据库以 shutdown [normal|immediate|transactional]方式关闭，并且数据库未被置于打开状态（或 open read only）时创建的备份才是一致性备份，这种备份在恢复后不需要再做修复操作就可以直接打开。一致性备份必须是冷备份。

不一致性备份是数据库处于不一致状态时创建的备份就是不一致备份，通常数据库呈现 open read write 或 shutdown abort 时都不会是一致性状态，因为备份操作不可能同时完成，而数据文件时刻都在写，SCN 时刻都在变，备份完第 n 个数据文件时，第 n+1 个数据文件的 SCN 有可能已经与之前的都不同了。不一致的备份在恢复后必须借助归档日志文件和联机重做日志，将数据库修复到一致性的状态才能打开。因此，创建不一致性的备份除了要备份数据库启动时必须的数据文件和控制文件外，还需要备份归档日志文件。

热备份肯定是不一致性备份，但不一致性备份不一定都是热备份，如 shutdown abort 关闭的数据库如果处于不一致状态，此时虽然创建的是冷备份，但却是不一致备份）。

4. 完全备份与增量备份

完全备份与增量备份针对的对象为整个数据库、一个表空间或者一个数据文件。完全备份表示把整个数据库、一个表空间或一个数据文件中的数据全部备份出来，增量备份表示把整个数据库、一个表空间或一个数据文件在一段时间内被修改的数据备份出来，在该段时间内没有被修改的数据就不需要备份。通常，在一段时间内被修改的数据总是比较少的，因此增量备份的数据量是比较小的。

5. 完全恢复与不完全恢复

完全恢复将数据库恢复到最近的时间点的恢复方式就是完全恢复，这种方式通常是当磁盘故障导致数据文件或控制文件无法访问时选择的恢复方式。

不完全恢复要进行不完全恢复的操作，必须要有适当的备份，并且备份必须是在要恢复的时间点之前创建。不完全恢复首先通过创建的备份，恢复所有的数据文件是指将数据库恢复到非当前时刻的状态，简单地讲就是只应用部分归档或联机重做日志。

由于不完全恢复只应用部分日志文件，因此必须给 Oracle 指定结束标志，有如下 4 种选项可供选择：

（1）基于 cancel 的恢复。使用基于 cancel 的恢复，能够将数据库恢复到错误发生前的某一状态。采用此方式时 Oracle 执行恢复过程，直到输入 cancel 命令时结束。在进行恢复前，应确保已经对数据库进行了完全备份。

（2）基于时间点的恢复。使用基于时间点的恢复，能够将数据库恢复到错误发生前某一时间点的状态。恢复方法类似于 cancel 恢复。

（3）基于 SCN 的恢复。使用基于 SCN 的恢复，能够将数据库恢复到错误发生前某一事务前的状态。要查询事务的信息，可以查询 v$log_history 视图，通过其中的 stamp 列指定事务。

（4）基于日志序号：指定归档文件序号，恢复到指定的日志序号后即中止恢复操作。

5.1.1 脱机备份与恢复

1. 脱机备份

脱机备份的步骤如下：

步骤 1：启动 SQL*Plus，获取需要备份的文件。

（1）获取数据文件列表。通过查询 v$datafile 视图能够获得数据文件的列表。

```
SQL> select name from v$datafile;
NAME
--------------------------------------------------------------
E:\APP\ADMINISTRATOR\ORADATA\ORCL\SYSTEM01.DBF
E:\APP\ADMINISTRATOR\ORADATA\ORCL\SYSAUX01.DBF
E:\APP\ADMINISTRATOR\ORADATA\ORCL\UNDOTBS01.DBF
E:\APP\ADMINISTRATOR\ORADATA\ORCL\USERS01.DBF
```

（2）获取控制文件列表。通过下列语句能够获得数据库的当前控制文件名称。

```
SQL> show parameter control_files;
NAME                          TYPE        VALUE
----------------------------- ----------- ---------------------
control_files                 string      E:\APP\ADMINISTRATOR\ORADATA\ORCL
                                          \CONTROL01.CTL, E:\APP\ADMI
                                          NISTRATOR\FLASH_RECOVERY_AREA\
                                          ORCL\CONTROL02.CTL
```

（3）获取联机重做日志文件的列表。

```
SQL> select member from v$logfile;
MEMBER
--------------------------------------------------------------
E:\APP\ADMINISTRATOR\ORADATA\ORCL\REDO03.LOG
E:\APP\ADMINISTRATOR\ORADATA\ORCL\REDO02.LOG
E:\APP\ADMINISTRATOR\ORADATA\ORCL\REDO01.LOG
```

步骤 2：建立测试表。

SQL> create table test(a int);

表已创建。

SQL> insert into test values(1);

已创建 1 行。

SQL> commit;

提交完成。

步骤 3：关闭数据库。

SQL> connect system/Oracle123 as sysdba;

已连接。

SQL> shutdown immediate;

步骤 4：建立备份的目录，复制文件至备份目录中，包括全部数据文件、控制文件、联机重做日志文件。

SQL> $md database

SQL> $mkdir d:\database

SQL> $copy   E:\app\Administrator\oradata\orcl*.*   d:\database*.*

SQL>$copy E:\APP\ADMINISTRATOR\FLASH_RECOVERY_AREA\ORCL\CONTROL02.CTL d:\database\CONTROL02.CTL

步骤 5：启动数据库，增加测试记录。

SQL> startup

SQL> conn system/Oracle123

SQL> insert into test values(2);

SQL> commit;

SQL> select * from test;

```
         A
----------
         1
         2
```

步骤 6：停止服务，模拟数据库损坏。

SQL> conn system/Oracel123 as sysdba

SQL> shutdown immediate

SQL> $del E:\app\Administrator\oradata\orcl\USERS01.DBF

SQL> startup

Oracle 例程已经启动。

Total System Global Area 1071333376 bytes
Fixed Size   1375792 bytes
Variable Size   545259984 bytes
Database Buffers   520093696 bytes
Redo Buffers   4603904 bytes

数据库装载完毕。

ORA-01157: 无法标识/锁定数据文件 4 - 请参阅 DBWR 跟踪文件
ORA-01110: 数据文件 4: 'E:\APP\ADMINISTRATOR\ORADATA\ORCL\USERS01.DBF'

2. 脱机恢复

步骤 1：关闭数据库。

SQL> shutdown immediate

步骤 2：将备份的数据文件还原到原来所在的位置。

SQL> $copy d:\database*.* E:\app\Administrator\oradata\orcl*.*
SQL> $copy   d:\database\CONTROL02.CTL
E:\APP\ADMINISTRATOR\FLASH_RECOVERY_AREA\ORCL\CONTROL02.CTL

步骤 3：启动数据库。

SQL> startup

步骤 4：检查数据记录丢失情况。

SQL> conn system/Oracle123
SQL> select * from test;
         A

         1

这里可以发现，数据库恢复成功，但在备份之后与崩溃之前的数据丢失了。

说明：

- 非归档模式下的恢复方案可选性很小，一般情况下只能有一种恢复方式，就是数据库的冷备份的完全恢复，仅仅需要拷贝原来的备份就可以。
- 这种情况下的恢复，可以完全恢复到备份的点上，但是可能是丢失数据的，在备份之后与崩溃之前的数据将全部丢失。
- 不管毁坏了多少数据文件或是联机日志或是控制文件，都可以通过这个办法恢复，因为这个恢复过程是 Restore 所有的冷备份文件，而这个备份点上的所有文件是一致的，与最新的数据库没有关系，就好比把数据库又放到了一个以前的"点"上。

5.1.2 联机备份与恢复

1. 将数据库转换为归档模式

本任务会将数据库转换至 archivelog 模式，并且通过设置某些参数来启用两个归档目的地。

步骤 1：使用相应的操作系统命令创建两个目录：

SQL> $mkdir d:\oracle\archive1
SQL> $mkdir d:\oracle\archive2

步骤 2：使用 SQL*Plus，作为具有 SYSDBA 权限的 SYS 用户进行连接：

SQL> connect / as sysdba

步骤 3：设置某些参数，从而指定步骤 1 中创建的目录为两个归档目的地和控制归档日志文件名。应当注意的是，目录名需要包含斜线字符（在 Windows 系统中为反斜线符号）。

SQL>alter system set log_archive_dest_1='location=d:\oracle\archive1\' scope=spfile;

SQL>alter system set log_archive_dest_2='location=d:\oracle\archive2\' scope=spfile;

SQL>alter system set log_archive_format='arch_%d_%t_%r_%s.log'scope=spfile;

步骤 4：关闭数据库：

SQL> conn system/Oracle123 as sysdba
SQL> Shutdown immediate;

步骤 5：在加载模式中启动数据库。

SQL> startup mount;

步骤 6：将数据库转换至 archivelog 模式：

SQL> alter database archivelog;

步骤 7：打开数据库：

SQL> alter database open;

步骤 8：执行下面两个查询，确定数据库位于 archivelog 模式中且归档器进程正在运行：

SQL> select log_mode from v$database;
LOG_MODE

ARCHIVELOG
SQL> select archiver from v$instance;
ARCHIVE

STARTED

步骤 9：执行一次日志切换：

SQL> alter system switch logfile;

步骤 10：这次日志切换会将归档日志写至两个目的地。如果希望对此进行确认，则需要先在 Oracle 环境中执行如下所示的查询：

SQL> Select name from v$archived_log;
NAME

D:\ORACLE\ARCHIVE1\ARCH_53B8AAE4_1_876830566_11.LOG
D:\ORACLE\ARCHIVE2\ARCH_53B8AAE4_1_876830566_11.LOG

然后在操作系统提示符下确认确实已创建了这个查询所列出的文件。

步骤 11：查看数据库的归档方式。

SQL> archive log list
数据库日志模式　　　　　　存档模式
自动存档　　　　　　　　　启用
存档终点　　　　　　　　　d:\oracle\archive2\
最早的联机日志序列　　10
下一个存档日志序列　　12

当前日志序列   12

2. 联机备份

联机备份的步骤如下：

步骤 1：建立测试表，并向表里添加一条记录。

```
SQL> create table test(a int) tablespace users;
SQL> insert into test values(1);
SQL> commit;
```

步骤 2：在备份之前做一次日次切换。

```
SQL> alter system archive log current;
```

步骤 3：将数据库的某个表空间设为联机备份状态。

```
SQL> alter tablespace users begin backup;
```

在开始备份表空间以前，使用 dba_data_files 数据字典视图以确定所有表空间的数据文件。

```
select tablespace_name,file_name from sys.dba_data_files;
```

结果如下：

```
TABLESPACE_NAME
------------------------------
FILE_NAME
--------------------------------------------------------------------------------
USERS
E:\APP\ADMINISTRATOR\ORADATA\ORCL\USERS01.DBF

UNDOTBS1
E:\APP\ADMINISTRATOR\ORADATA\ORCL\UNDOTBS01.DBF

SYSAUX
E:\APP\ADMINISTRATOR\ORADATA\ORCL\SYSAUX01.DBF

TABLESPACE_NAME
------------------------------
FILE_NAME
--------------------------------------------------------------------------------
SYSTEM
E:\APP\ADMINISTRATOR\ORADATA\ORCL\SYSTEM01.DBF
```

步骤 4：该表空间对应的所有数据文件备份。

例如，将 users 表空间的 users01.dbf 复制到其他目录进行备份。

```
SQL> $copy    E:\app\Administrator\oradata\orcl\USERS01.DBF    d:\database\USERS01.DBF
```

步骤 5：取消该表空间的备份状态。

```
SQL> alter tablespace users end backup;
```

步骤 6：如果还要备份其他的表空间，重复执行上述操作。

步骤 7：备份控制文件。

```
SQL> alter database backup controlfile to 'd:\database\controlbinbak.000';
```

步骤 8：再向测试表中添加一条记录，再做一次日志切换。

SQL> insert into test values(2);

SQL> commit;

SQL> alter system switch logfile;

步骤 9：关闭数据库，模拟丢失数据文件

SQL> conn system/Oracle123 as sysdba;

SQL> shutdown immediate;

SQL> $del E:\app\Administrator\oradata\orcl\USERS01.DBF

步骤 10：启动数据库。

SQL> startup

Oracle 例程已经启动。

Total System Global Area 1071333376 bytes
Fixed Size   1375792 bytes
Variable Size   562037200 bytes
Database Buffers   503316480 bytes
Redo Buffers   4603904 bytes

数据库装载完毕。

ORA-01157: 无法标识/锁定数据文件 4 - 请参阅 DBWR 跟踪文件

ORA-01110: 数据文件 4: 'E:\APP\ADMINISTRATOR\ORADATA\ORCL\USERS01.DBF'

步骤 11：查询有问题的数据文件。

SQL> select * from v$recover_file;

```
    FILE# ONLINE  ERROR              CHANGE#    TIME
---------- ------- ------------------ ---------- -----------
        4 ONLINE                        1013500 2003-05-07
```

3. 联机恢复

联机恢复的步骤如下：

步骤 1：将出现问题的表空间设置为脱机状态。

SQL> alter database datafile 4 offline drop;

步骤 2：将数据库修改为打开状态。

SQL> alter database open;

步骤 3：将备份的数据文件复制到原来的目录。

SQL> $copy   d:\database\USERS01.DBF E:\app\Administrator\oradata\orcl\USERS01.DBF

注：如果前面没有备份，用下面语句来重建数据文件。

ALTER DATABASE CREATE DATAFILE   4;

步骤 4：使用 recover 命令进行介质恢复。

SQL> recover datafile 4;

完成介质恢复。

步骤 5：介质恢复完成后，将表空间恢复为联机状态。

SQL> alter database datafile 4 online;

步骤 6：检查数据记录丢失情况。

```
SQL> conn system/Oracle123
SQL> select * from system.test;
         A
----------
         1
         2
```

这里可以发现，数据库恢复成功，数据没有丢失。若丢失的数据文件有多个，则应先将相应的数据文件全部进行备份，再使用类似的恢复步骤进行恢复。

5.1.3 不完全恢复

1. 基于 cancel 的恢复

基于 cancel 的不完全恢复适用场景：recover 时、所需的某个归档日志损坏，或主机断电、current 状态的联机日志损坏。

（1）关闭数据库。

```
SQL>SHUTDOWN IMMEDIATE
```

（2）使用操作系统命令将原来备份的文件复制到正确的目录下。

```
SQL> $copy d:\database\USERS01.DBF E:\app\Administrator\oradata\orcl\USERS01.DBF
```

（3）使用 startup mount 命令启动数据库。

```
SQL>STARTUP MOUNT
```

（4）使用 recover 命令对数据库进行基于 cancel 的恢复。

```
SQL>RECOVER DATABASE UNTIL CANCEL;
```

（5）恢复完成后，使用 resetlogs 模式启动数据库。

```
SQL>ALTER DATABASE OPEN RESETLOGS;
```

2. 基于时间点的恢复

（1）首先关闭数据库。

```
SQL> shutdown immediate;
```

（2）使用操作系统命令将原备份的文件复制到正确的目录下。

```
SQL> $copy d:\database\USERS01.DBF E:\app\Administrator\oradata\orcl\USERS01.DBF
```

（3）使用 startup mount 命令启动数据库。

```
SQL>startup mount
```

（4）使用 recover 命令对数据库执行基于时间点的恢复。

```
SQL>recover database until time '2015-04-17 11:57:28';
```

（5）完成恢复操作后，使用 resetlogs 模式启动数据库。

```
SQL>alter database open resetlogs;
```

3. 基于 SCN 的恢复

SCN（System Change Number）是当 Oracle 数据库更新后，由 DBMS 自动维护去累积递增的一个数字。在 Oracle 中有四种 SCN，分别为：系统检查点 SCN、数据文件检查点 SCN、启动 SCN、终止 SCN。

基于 SCN 的不完全恢复使用情况跟基于时间一样，只是这里是根据 SCN 值来恢复的。

查询系统检查点 SCN 的命令如下：

SQL> select CHECKPOINT_CHANGE# from v$database;
CHECKPOINT_CHANGE#

         1171009

基于 SCN 的恢复的步骤如下：

（1）首先关闭数据库。

SQL>shutdown immediate

（2）使用操作系统命令将原备份的文件复制到正确的目录下。

SQL> $copy d:\database\USERS01.DBF E:\app\Administrator\oradata\orcl\USERS01.DBF

（3）使用 startup mount 命令启动数据库。

SQL>startup mount

（4）使用 recover 命令对数据库进行恢复。

SQL>recover database until change 1171008;

（5）恢复操作完成后，使用 resetlogs 模式启动数据库。

SQL>Alter database open resetlogs;

5.2 数据库逻辑备份与恢复

逻辑备份是指使用工具 export 将数据对象的结构和数据导出到文件的过程。

逻辑恢复是指当数据库对象被误操作而损坏后使用工具 import 利用备份的文件把数据对象导入到数据库的过程。

物理备份即可在数据库 open 的状态下进行也可在关闭数据库后进行，但是逻辑备份和恢复只能在 open 的状态下进行。

Oracle 的逻辑备份与恢复可以通过以下方法实现：

（1）在 DOS 界面环境中使用 EXP 命令进行备份，使用 IMP 命令将备份的数据导入数据库。

（2）通过 OEM 的"导出到导出文件"及"从导出文件导入"实现数据的逻辑备份与恢复。

5.2.1 使用 EXP/IMP 命令导出/导入数据

1. EXP 导出命令概述

可以对所有表执行全数据库导出（Complete Export）或者仅对上次导出后修改过的表执行全数据库导出。增量导出有两种不同类型：Incremental（增量）型和 Cumulative（积累）型。Incremental 导出将导出上次导出后修改过的全部表；而 Cumulative 导出将导出上次全导出后修改过的表。可使用 Export 实用程序来压缩数据段碎片的盘区。

从命令行调用 Export 程序并且传递各类参数和参数值，可以完成导出操作。参数和参数值决定了导出的具体任务。表 5-1 列出了 Export 指定的运行期选项。可以在命令提示符窗口输入"exp help=y"调用 EXP 命令的帮助信息。

表 5-1　Export 选项

关键字	描述
Userid	执行导出的账户的用户名和口令，如果是 EXP 命令后的第一个参数，则关键字 Userid 可以省略
Buffer	用于获取数据行的缓冲区尺寸，默认值随系统而定，通常设定一个高值(>64 000)
File	导出转储文件的名字
Filesize	导出转储文件的最大尺寸。如果 file 条目中列出多个文件，将根据 Filesize 设置值导出这些文件
Compress	Y/N 标志，用于指定导出是否应把碎片段压缩成单个盘区。这个标志影响将存储到导出文件中的 storage 子句
Grants	Y/N 标志，指定数据库对象的权限是否导出
Indexes	Y/N 标志，指定表上的索引是否导出
Rows	Y/N 标志，指定行是否导出。如果设置为 N，在导出文件中将只创建数据库对象的 DDL
Constraints	Y/N 标志，用于指定表上的约束条件是否导出
Full	若设为 Y，执行 Full 数据库导出
Ower	导出数据库账户的清单；可以执行这些账户的 User 导出
Tables	导出表的清单；可以执行这些表的 Table 导出
Recordlength	导出转储文件记录的长度，以字节为单位。除非是在不同的操作系统间转换导出文件，否则就使用默认值
Direct	Y/N 标志，用于指示是否执行 Direct 导出。Direct 导出在导出期间绕过缓冲区，从而大大提高导出处理的效率
Inctype	要执行的到处类型（允许值为 complete（默认）、cumulative 和 incremental）
Record	用于 incremental 导出，这个 Y/N 标志指示一个记录是否存储在记录导出的数据字典中
Parfile	传递给 Export 的一个参数文件名
Statistics	这个参数指示导出对象的 analyze 命令是否应写到导出转储文件上。其有效值是 compute、estimate（默认）和 N
Consistent	Y/N 标志，用于指示是否应保留全部导出对象的读一致版本。在 Export 处理期间，当相关的表被用户修改时需要这个标志
Log	导出日志的文件名
Feedback	表导出时显示进度的行数。默认值为 0，所以在表全部导出前没有反馈显示

续表

关键字	描述
Query	用于导出表的子集 select 语句
Transport_tablespace	如果正在使用可移动表空间选项，就设置为 Y。和关键字 tablespace 一起使用
Tablespaces	移动表空间时应导出其元数据的表空间
Object_consistent	导出对象时的事务集，默认为 N，建议采用默认值
Flashback_SCN	用于回调会话快照的 SCN 号，特殊情况下使用，建议不用
Flashback_time	用于回调会话快照的 SCN 号的时间，如果希望导出不是现在的数据，而是过去某个时刻的数据的话，可使用该参数
Resumable	遇到错误时挂起，建议采用默认值
Resumable_timeout	可恢复的文本字符串，默认值为 Y，建议采用默认值
Tts_full_check	对 TTS 执行完全或部分相关性检查，默认值为 Y，建议采用默认值
Template	导出的模板名

导出有以下三种模式。

（1）交互模式。在输入 EXP 命令后，根据系统的提示输入导出参数，如用户名、口令和导出类型等参数。

（2）命令行模式。命令行模式和交互模式类似，不同的是使用命令模式时，只能在模式被激活后，才能把参数和参数值传递给导出程序。

（3）参数文件模式。参数文件模式的关键参数是 Parfile。Parfile 的对象是一个包含激活控制导出对话的参数和参数值的文件名。

2. EXP 导出

（1）建立导出的测试环境。

```
SQL>create user tt identified by oracle;
SQL>grant connect,resource to tt;
SQL>conn tt/oracle@orcl;
SQL>create table table1(c1 varchar(10) null);
SQL>insert into table1 values('王五');
SQL>commit;
```

（2）将数据库 orcl 完全导出，用户名 system，密码 Oracle123，导出到 E:/orcl.dmp 中。

```
c:\>exp system/Oracle123@orcl file=E:\orclall.dmp full=y
```

（3）将数据库中 system 用户与 tt 用户的表导出。

```
c:\>exp system/Oracle123@orcl owner=(system,tt) file=E:\user01.dmp
```

如果只是导出一个用户则用如下语句：

```
c:\>exp system/Oracle123@orcl owner=(tt) file=E:\user02.dmp
```

（4）将数据库中的表 table1 导出。

c:\>EXP tt/oracle TABLES=(table1) file=e:\table01.dmp

如果只是导出多个表则用如下语句：

EXP tt/oracle TABLES=(table1,table2) file=e:\table02.dmp

如果想对 dmp 文件进行压缩，可以在上面命令后面加上 compress=y 来实现。

3. IMP 导入命令概述

数据导出后，可以使用 Import 工具将导出的文件再导入到数据库中。Import 工具能够读取由 Export 工具生成的二进制导出转储文件并执行文件中的命令，能够从导出转储文件中导入部分或全部数据。

在 DOS 命令提示符下，输入 IMP HELP=Y 能够显示 IMP 命令的帮助。导入操作可以交互进行也可通过命令进行。导入操作选项同导出的基本一样，表 5-2 给出导入操作的参数，其他参数请参照导出参数。

表 5-2　Import 选项

关键字	描述
Userid	需执行导入操作的账户的用户名/口令。如果这是 imp 命令后的第一个参数，就不必指定 Userid 关键字
Buffer	取数据行用的缓冲区尺寸。默认值随系统而定；该值通常设为一个高值（>100 000）
File	要导入的导出转储文件名
Show	Y/N 标志，指定文件内容显示而不是执行
Ignore	Y/N 标志，指定在发出 Create 命令时遇到错误是否忽略。若要导入的对象已存在就使用这个标志
Grants	Y/N 标志，指定数据库对象上的权限是否导入
Indexes	Y/N 标志，指定表上的索引是否导入
Constraints	Y/N 标志，指定表上的约束条件是否导入
Rows	Y/N 标志，确定行是否导入。若将其设为 N，就只对数据库对象执行 DDL
Full	Y/N 标志，如果设置 Y，就导入 Full 导出转储文件
Fromuser	应从导出转储文件中读取其对象的数据库账户的列表（当 Full=N 时）
Touser	导出转储文件中的对象将被导入到数据库账户的列表。Fromuser 和 Touser 不必设置成相同的值
Table	要导入的表的列表
Recordlength	导出转储文件记录的长度，以字节为单位。除非要在不同的操作系统间转换，否则都用默认值
Inctype	要被执行导入的类型（有效值是 complete（默认）、cumulative 和 incremental）

105

续表

关键字	描述
commit	Y/N 标志，确定每个数组导入后 Import 是否提交（其大小由 Buffer 设置），如果设置为 N，在每个表导入后都要提交 Import。对于大型表，commit=N 则需要同样大的回滚段
Parfile	传递给 Import 的参数名，这个文件可以包含这里所列出的全部参数的条目
Indexfile	Y/N 标志，指定表上的索引是否导入
Charset	在为 V5 和 V6 执行导入操作期间使用的字符集（过时但被保留）
Point_in_time_recover	Y/N 标志，确定导入是否是表空间时间点恢复的一部分
Destroy	Y/N 标志，指示是否执行在 Full 导出转储文件中找到的 create tablespace 命令（从而破坏正在导入的数据库数据文件）
Log	Import 日志将要写入的文件名
Skip_unusable_indexes	Y/N 标志，确定 Import 是否应跳过那些标有 unusable 的分区索引。可能要在导入操作期间跳过这些索引，然后用人工创建它们以改善创建索引的功能
Analyze	Y/N 标志，指示 Import 是否应执行在导出转储文件中找到的 Analyze 命令
Feedback	表导入时显示进展的示数。默认值为 0，所以在没有完全导入一个表前不显示反馈
Tiod_novalidate	使 Import 能跳过对指定对象类型的确认。这个选项通常与磁带安装一起使用。可以指定一个或多个对象
Filesize	如果参数 Filesize 用在 Export 上，这个标志就是对 Export 指定的最大转储尺寸
Recalculate_statistics	Y/N 标志，确定是否生成优化程序统计
Transport_tablespace	Y/N 标志，指示可移植的表空间元数据被导入到数据库中
Tablespace	要传送到数据库中的表空间名字和名字清单
Datafiles	要传送到数据库的数据文件清单
Tts_owner	可移植表空间中数据拥有者的名字和名字清单
Resumable	导入时若遇到与使用 Resumable_name 编码的字符串有关的问题时，延缓执行。延缓时间由 Resumable_timeout 参数确定

4. IMP 导入

（1）导入表。

导入自己的表：

c:\>IMP tt/oracle IGNORE=Y TABLES=(table1) FULL=N file=e:\table01.dmp

ignore：如果表存在，则只导入数据。

导入表到其他用户：

要求该用户具有 DBA 的权限，或是 imp_full_database，在执行如下语句之前必须先执行 grant dba to tt 的授权语句。

```
c:\>IMP tt/oracle@orcl IGNORE=Y TABLES=(table1) FULL=N file=e:\table01.dmp    touser=system
```

（2）导入方案。

导入方案是指使用 Import 工具将文件中的对象和数据导入到一个或是多个方案中。如果要导入其他方案，要求该用户具有 DBA 的权限，或者 imp_full_database。

导入自身的方案：

```
c:\>imp userid=system/Oracle123@orcl file=e:\user01.dmp IGNORE=Y
```

导入其他方案（要求该用户具有 DBA 的权限）：

```
c:\>imp userid=system/Oracle123@orcl file=e:\user01.dmp fromuser=tt to system IGNORE=Y
```

（3）导入数据库（相当于数据库迁移）。

在默认情况下，当导入数据库时，会导入所有对象结构和数据，案例如下：

```
c:\>imp userid=system/Oracle123@orcl full=y file=e:\orcl.dmp
```

5.2.2 使用 OEM 导出/导入数据

1. 备份准备

使用 OEM 对 Oracle 的数据库进行备份，需要对数据库以及操作系统进行若干设置。本节内容指导如何进行必要的系统及数据库设置。使用 OEM 进行备份之前，需要建立相关的操作系统备份用户，其可以是已经存在的用户或是新建一个用户。本节中将新建一个用于 Oracle 备份的操作系统用户。建立用户的具体步骤如下：

步骤 1：在操作系统中新建一个用户，其用户名为：oracleuser，密码为：oracleuser，如图 5-1 所示。

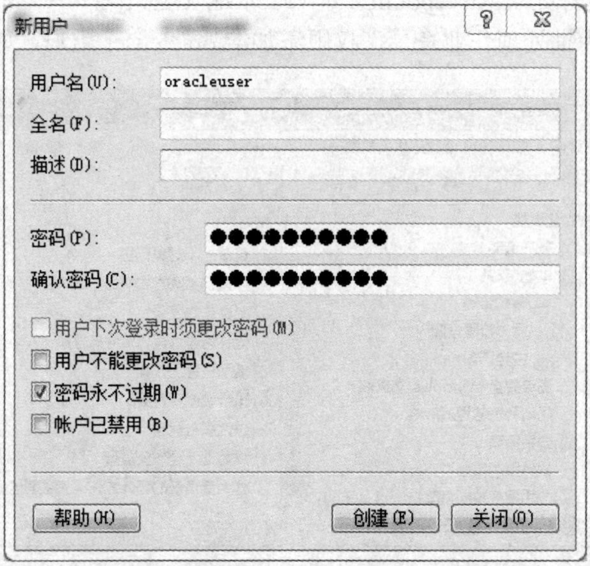

图 5-1 新建用户

步骤 2：编辑 oracleuser 用户的属性，将其隶属于 Administrators 和 ora_dba 组，如图 5-2 所示。

图 5-2 设置用户

步骤 3：在开始运行处录入 secpol.msc 进入"本地安全策略"→"本地策略"→"用户权利指派"中，将"作为批处理作业登录"权限添加给 oracleuser 用户，如图 5-3 所示。

图 5-3 设置本地安全策略

通过以上设置，我们已经建立好了 OEM 备份使用的操作系统用户，并具有相关权限。

2. 使用 OEM 导出数据

OEM 在进行数据逻辑备份时，实际使用 Oracle 11g 的 EXPDP 程序在服务器端执行备份。
在 OEM 中执行备份的具体步骤如下：

步骤 1：创建测试用户 tt，建立表 table1，并插入相关数据。

```
SQL>create user tt identified by oracle;
SQL>grant connect,resource to tt;
SQL>conn tt/oracle;
SQL>create table table1(c1 varchar(10) null);
SQL>insert into table1 values('王五');
SQL>commit;
```

步骤 2：以 SYSTEM 用户的普通身份登录 OEM，如图 5-4 所示。

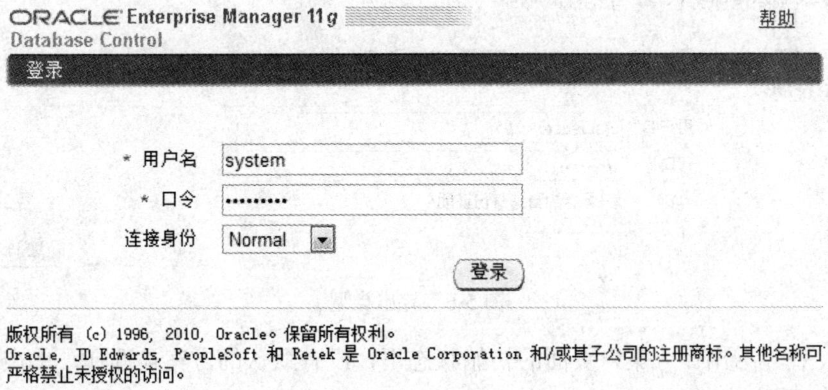

图 5-4 登录

步骤 3：单击"数据移动"页面"移动行数据"项下的"导出到导出文件"链接，如图 5-5 所示。

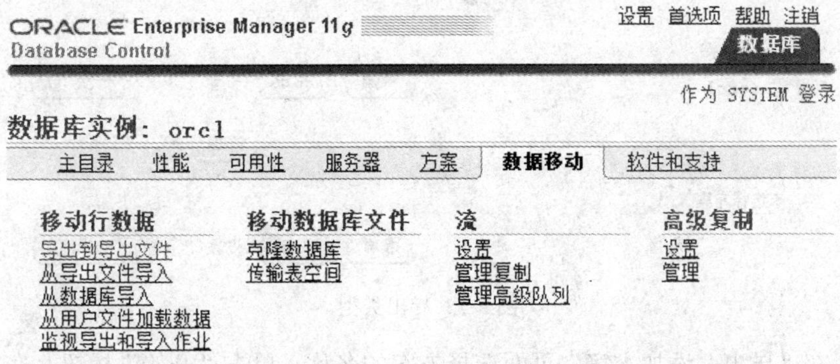

图 5-5 导出到导出文件

步骤 4：在"导出：导出类型"页面选择"方案"选项，输入主机身份证明项下的用户名及口令，本例中为前面创建的"oracleuser"，单击"继续"按钮，如图 5-6 所示。再单击"继续"按钮。

图 5-6　导出类型

步骤 5：在"导出：方案"页面的初始状态下，没有默认的方案被选择，单击"添加"按钮，如图 5-7 所示。

图 5-7　导出类型

步骤 6：在"导出：添加方案"页面选择方案的名称，单击"开始"按钮，在搜索结果栏中显示相应的方案名，选择需要导出的方案笔 tt，单击"选择"按钮，如图 5-8 所示。

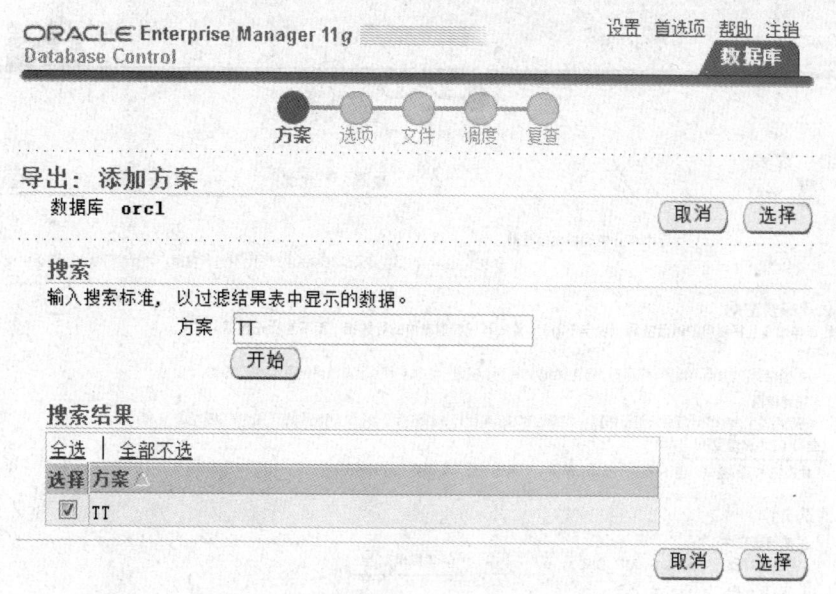

图 5-8 添加方案后的"导出：方案"

步骤 7：在"导出：表"页面显示了需要导出数据的表，单击"下一步"按钮，如图 5-9 所示。

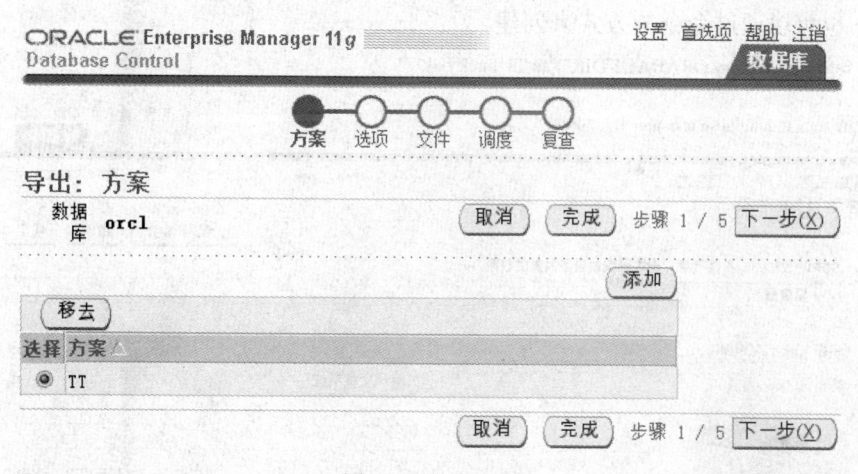

图 5-9 导出方案

步骤 8：在"导出：选项"页面单击"显示高级选项"链接，将显示导出的内容、闪回、查询等，单击"下一步"按钮，如图 5-10 所示。

步骤 9：点击"创建目录对象"，输入目录名称，例如"ORABACKDIR"（建议使用大写），在路径中输入存储备份文件的文件夹地址"D:\back\bak"，可以点击"测试文件系统"进行测试，注意文件夹地址必须在服务器上已经存在，如图 5-11 所示。

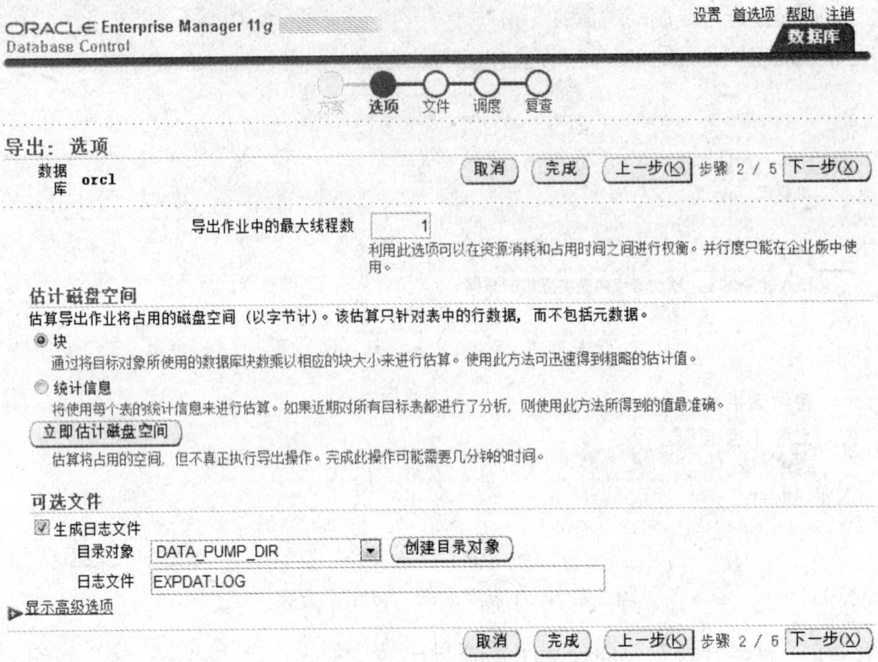

图 5-10 导出：选项

此操作也可以通过命令的方式来创建。

create or replace directory ORABACKDIR as 'D:\back\bak'

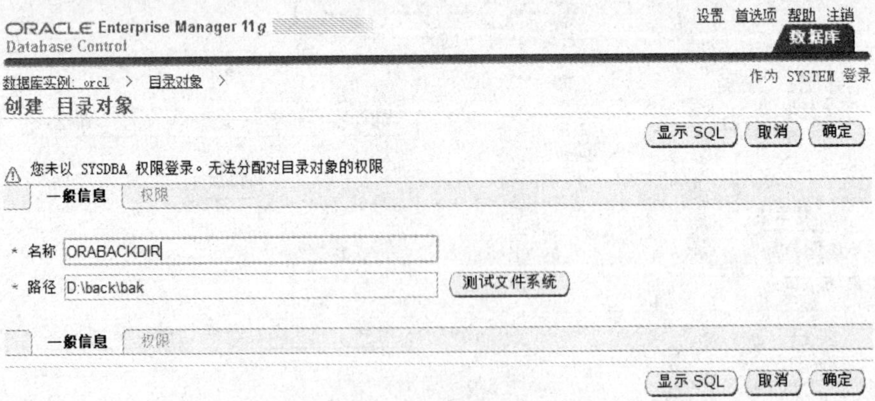

图 5-11 创建目录对象

步骤 10：在目录对象下拉菜单中选择刚刚创建的"ORABACKDIR"，点击"显示高级选项"，在高级选项中可以指定相关的导入导出参数，本文中使用默认值。单击"下一步"按钮。

步骤 11：本页指定存储文件的存放位置，在页面中的目录对象下拉菜单中选择刚刚创建的"ORABACKDIR"，文件名输入相关值，建议添加"%U"通配符，这样当一个存储文件写满时会自动创建新的文件。在最大文件大小中指定最大文件大小，此处输入 2048，表明每个存储文件最大为 2GB。单击"下一步"按钮继续，如图 5-12 所示。

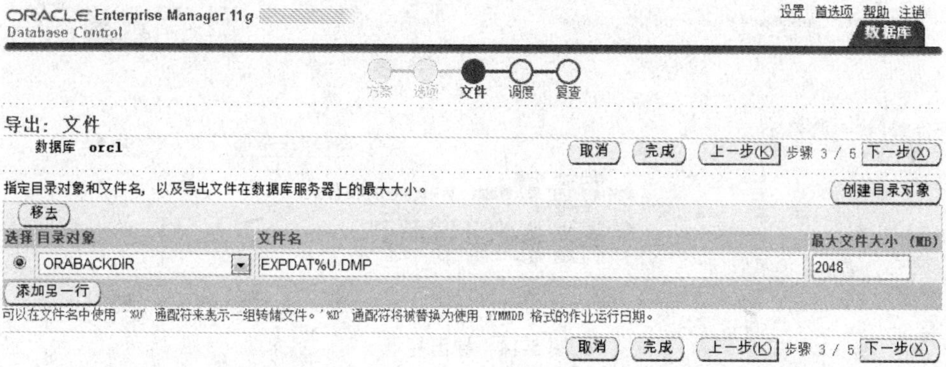

图 5-12　导出文件

步骤 12：在页面中输入作业名称，这里输入"FIRSTEXP"（建议使用大写），可以在"说明"中添加相关的作业说明，如"导出 tt 的数据"。指定启动时间，这里选择"立即"。单击"下一步"按钮继续，如图 5-13 所示。

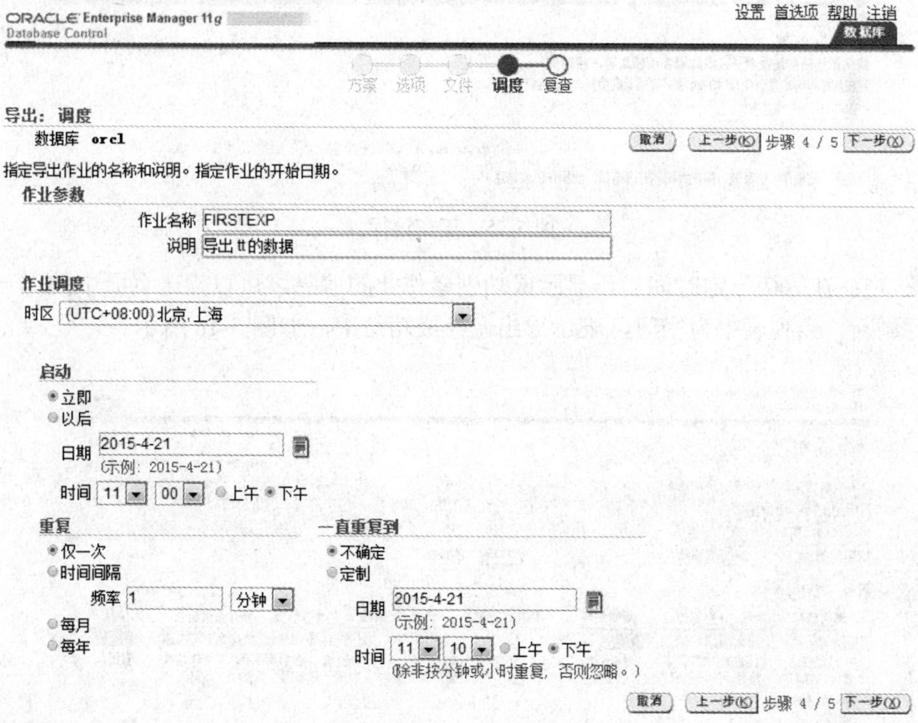

图 5-13　导出调度

步骤 13：在"导出：复查"页面中，显示了作业的导出类型、统计信息类型、并行度、要导出的文件、日志文件及作业调度，单击"提交作业"按钮，如图 5-14 所示。

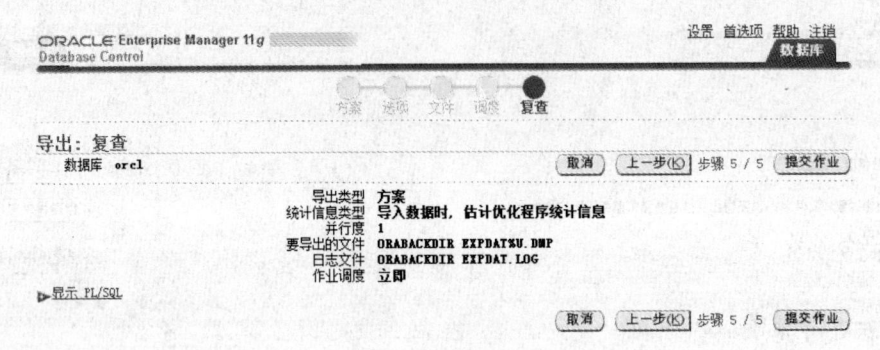

图 5-14　导出复查

步骤 14："复查"页面中检查无误后点击"提交作业"。如果提交成功，页面将转向"作业活动"的"确认"页面。在页面的列表中可以看到"FIRSTEXP"的状态为"正在运行"，如图 5-15 所示。

图 5-15　正在运行

步骤 15：在等待一定时间后，显示成功创建作业的信息，可以点击页面中的"开始"对页面进行刷新，当列表中为空时，表示导出已经成功结束，如图 5-16 所示。

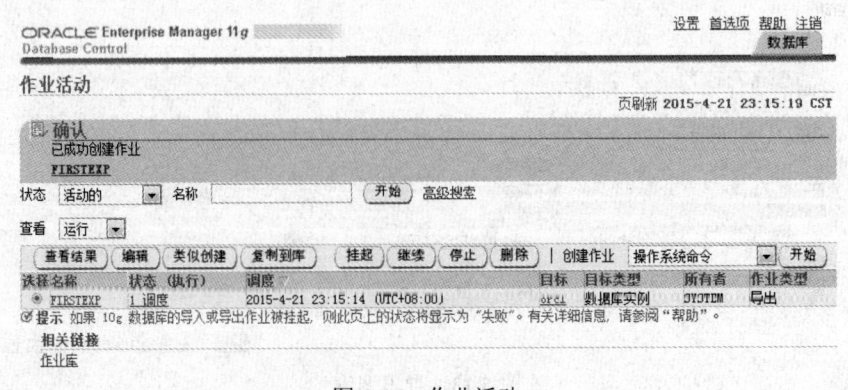

图 5-16　作业活动

步骤 16：在导出目录 "D:\back\bak" 中，可以看到导出文件以及日志将 D:\back\bak 目录下的 EXPDAT.LOG 日志文件打开后，查看作业的执行情况，如图 5-17 所示。

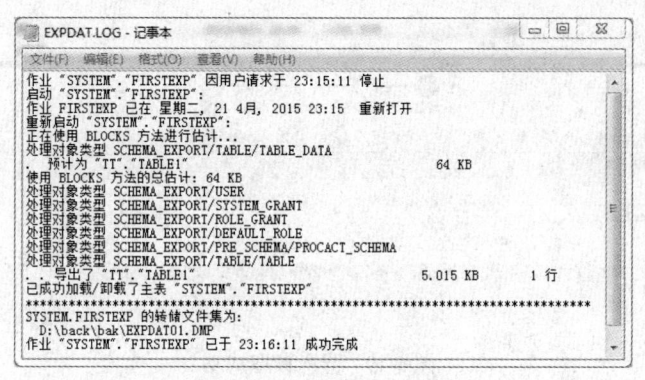

图 5-17　作业的执行情况

3. 使用 OEM 导入数据

使用 OEM 导入方式导入上一任务中备份的表。

步骤 1：先将 tt 用户删除。

```
SQL>drop user tt cascade
```

步骤 2：以 SYSTEM 用户的普通身份登录 OEM，单击"数据移动"页面"移动数据"项下的"从导出文件导入"，打开"导入：文件"页面，选择目录对象为 ORABACKDIR，选择导入类型为"方案"，输入主机身份证明的用户名及口令，单击"继续"按钮，如图 5-18 所示。

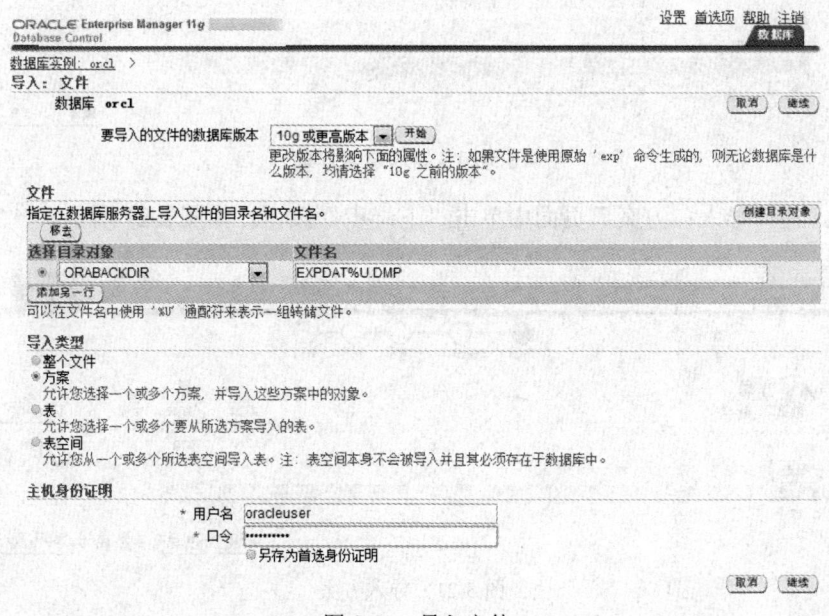

图 5-18　导入文件

步骤 3：在导入读取成功页面中显示"已成功读取导入文件"的信息后，单击"添加"按钮，如图 5-19 所示。

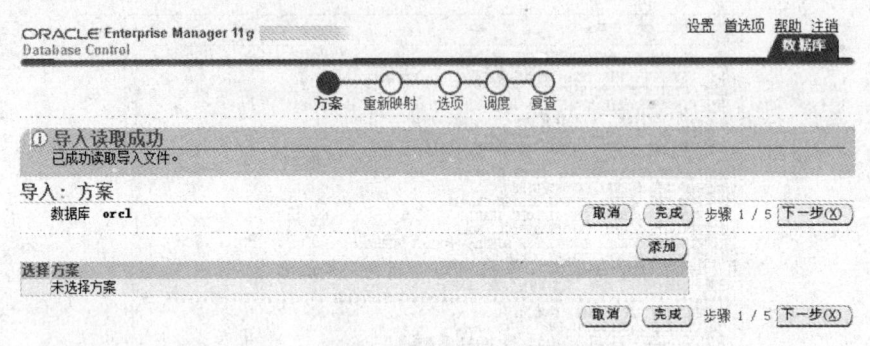

图 5-19　导入读取成功

步骤 4：单击"添加"按钮，在弹出页面选择方案 tt，单击"选择"按钮，如图 5-20 所示。

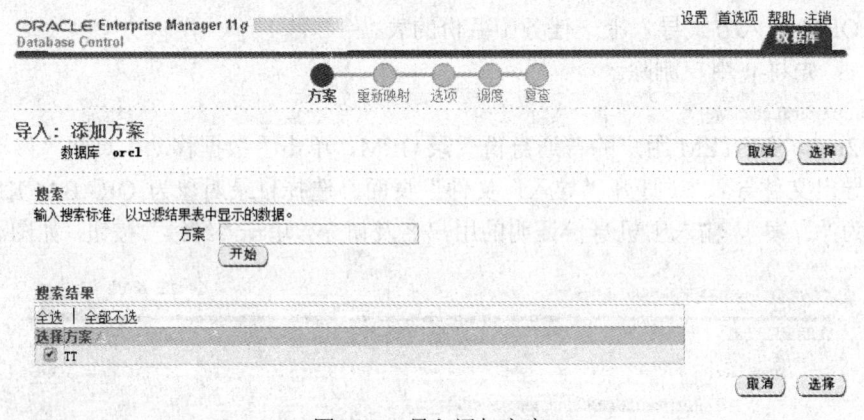

图 5-20　导入添加方案

步骤 5：在"导入：方案"页面中单击"下一步"按钮，如图 5-21 所示。

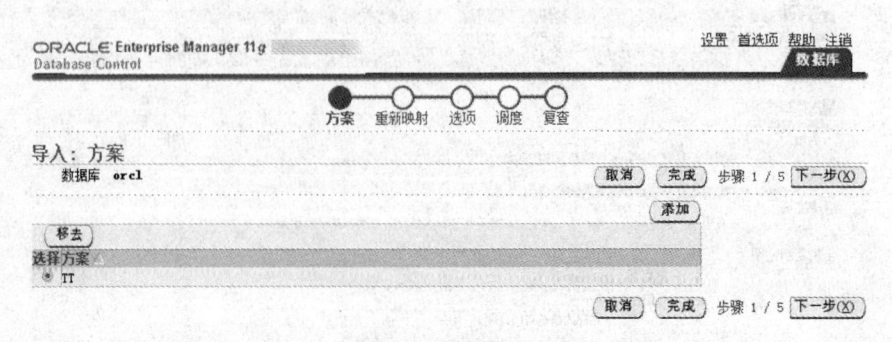

图 5-21　导入方案

步骤6：在新页面中可以指定"重新映射方案""重新映射表空间""重新映射数据文件"时，使用默认设置，不进行修改。单击"下一步"继续，如图5-22所示。

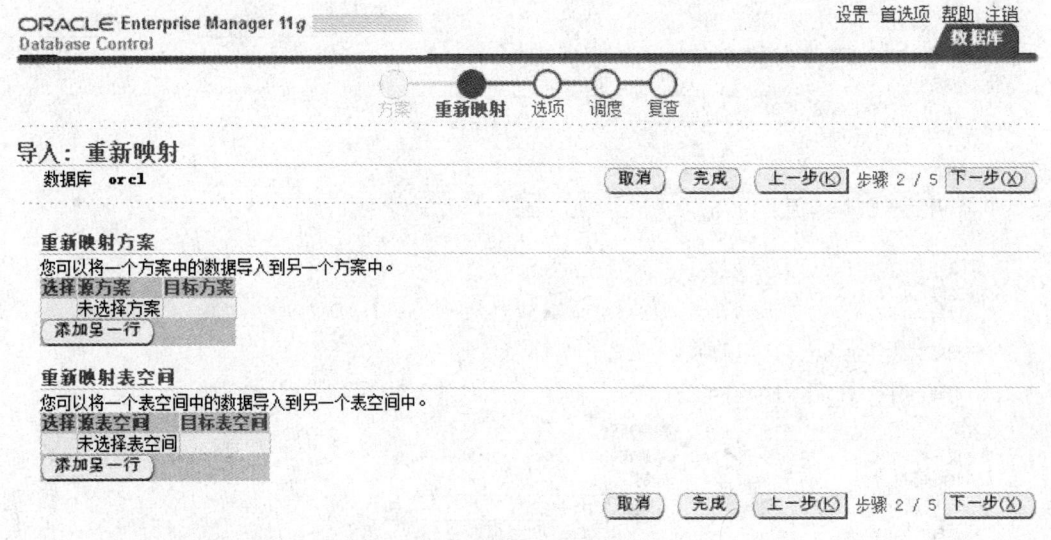

图 5-22 导入重新映射

步骤7：选择或创建生成日志文件的目录，本例中选择"orabackdir"。在高级选项中可以设置导入的具体方式，这里我们使用默认设置。单击"下一步"继续，如图5-23所示。

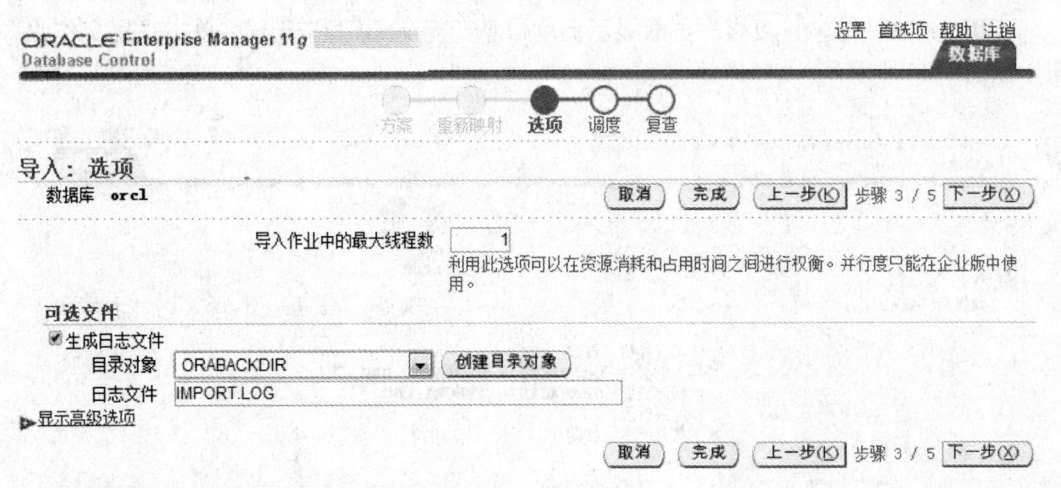

图 5-23 导入选项

步骤8：在"导入：调度"页面的"作业名称"栏设定作业名称，如输入 firstimp，单击"下一步"按钮，如图5-24所示。

117

图 5-24 导入调度

步骤 9：在"导入：复查"页面显示调度信息，复查页面检查无误，单击"提交作业"按钮，如图 5-25 所示。

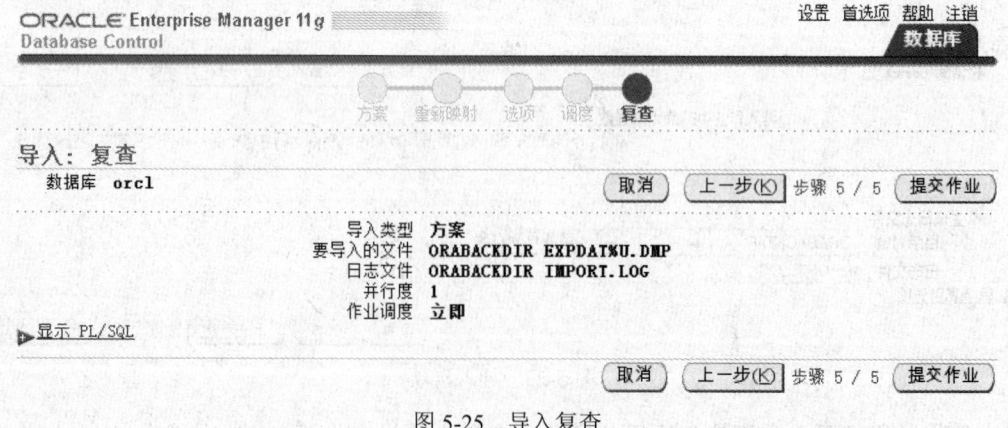

图 5-25 导入复查

步骤 10：在"作业活动"页面中显示"已成功创建作业"，如图 5-26 所示。

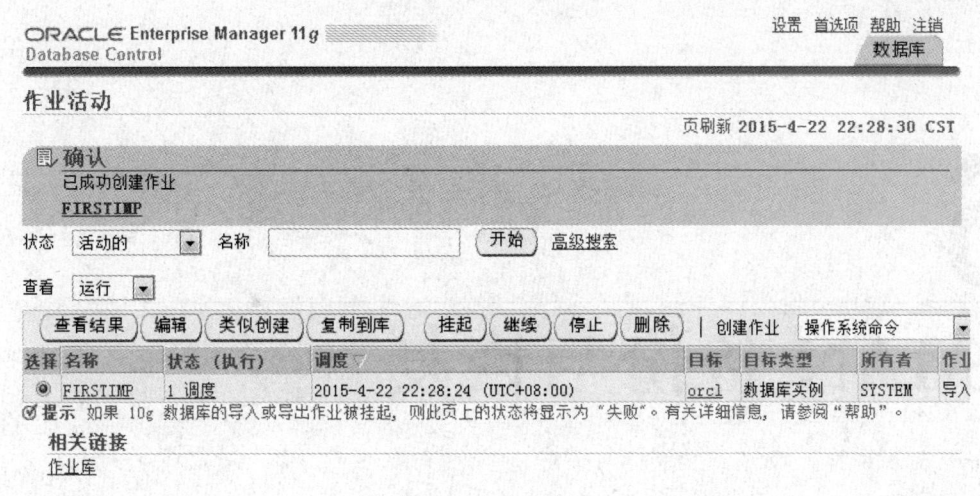

图 5-26 导入确认

步骤 11：用户可以打开 IMPORT.LOG 日志文件查看作业的执行情况，如图 5-27 所示。

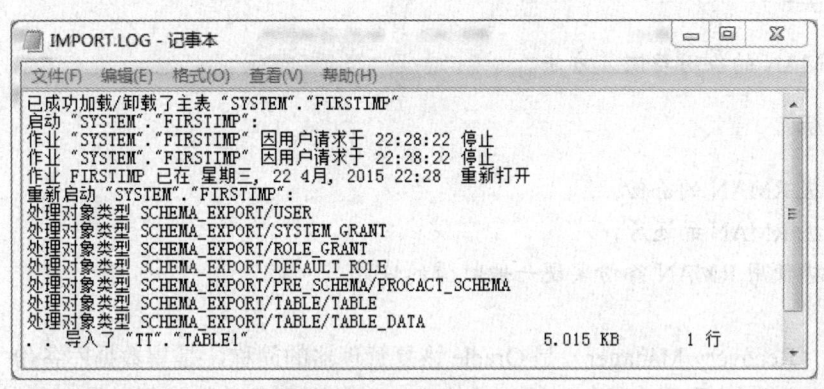

图 5-27 IMPORT.LOG 文件

步骤 12：使用"tt"用户登录数据库查看导入数据，可以确认数据已经导入。

SQL> conn tt/oracle
已连接。
SQL> select * from table1;
C1

王五

6 RMAN 备份与恢复

知识提要：

掌握 RMAN 的备份与恢复方法。

教学目标：

- 掌握 RMAN 的备份；
- 掌握 RMAN 的还原；
- 掌握使用 RMAN 备份实现一般故障的恢复。

RMAN（Recovery Manager）是 Oracle 恢复管理器的简称，是集数据库备份（Backup）、还原（Restore）和恢复（Recover）于一体的 Oracle 数据库备份与恢复工具。RMAN 只能用于 Oracle 8 或更高的版本中。它能够备份整个数据库或数据库部件，如表空间、数据文件、控制文件、归档文件以及 Spfile 参数文件，RMAN 备份是一种物理的备份，它直接去读取数据块，因此 rman 是块级别的备份。从备份的那个时间点开始 RMAN 将锁定此刻的数据文件信息，也就是说只备份数据文件到此刻的信息为止。

6.1 RMAN 备份

6.1.1 连接数据库

1. 通过 RMAN TARGET 连接

在操作系统命令提示符下直接连接目标数据库：

RMAN TARGET user/password@net_service_name

通过 RMAN 连接本地数据库非常简单，以 Windows 平台为例，进入到命令提示符界面：

C:\>SET ORACLE_SID=orcl

C:\>rman target /

恢复管理器: Release 11.2.0.1.0 - Production on 星期一 5 月 4 22:54:48 2015

Copyright (c) 1982, 2009, Oracle and/or its affiliates.　All rights reserved.

连接到目标数据库：ORCL (DBID=1405127339)

RMAN>

使用 RMAN 连接本地数据库之前必须首先设置操作系统环境变量：ORACLE_SID，并指定该值等于目标数据库的实例名。如果本地库只有一个实例并已经设置了 ORACLE_SID 环境变量，则不需要再指定 ORACLE_SID，RMAN 会自动连接到默认实例。

如果要连接的目标数据库是一个远程数据库，那么必须在建立连接时指定一个有效的网络服务名（Net Service Name），并且本地的 tnsname.ora 文件中必须已经建立了该网络服务名的正确配置。连接示例如下：

C:\>SET ORACLE_SID=orcl

C:\>rman target system/Oracle123@orcl

恢复管理器: Release 11.2.0.1.0 - Production on 星期一 5 月 4 22:54:48 2015

Copyright (c) 1982, 2009, Oracle and/or its affiliates.　All rights reserved.

连接到目标数据库：ORCL (DBID=1405127339)

RMAN>

2．通过 CONNECT TARGET 连接

也可以先启动 RMAN，然后再通过 CONNECT 命令来连接目标数据库，如下所示：

CONNECT TARGETuser/password@net_service_name

C:\>rman

恢复管理器: Release 11.2.0.1.0 - Production on 星期一 5 月 4 23:01:29 2015

Copyright (c) 1982, 2009, Oracle and/or its affiliates.　All rights reserved.

RMAN> connect target /

连接到目标数据库: ORCL (DBID=1405127339)

RMAN>

6.1.2　通道分配

所谓通道是指由服务器进程发起并控制目标数据库的文件与物理设备之间的字节流。一个通道即为一个会话，一个会话对应于一个服务器进程。所有的备份和恢复操作都是由 RMAN 连接的服务器进程完成的，更确切的说是由通道完成的。通道的分配主要有两种形式：自动分配通道和手动分配通道。可以根据预定义的配置参数自动分配通道，也可以在需要时手动分配通道。

通道和设备类型之间关系紧密，备份设备 RMAN 支持两种备份设备：SBT（磁带）和 DISK（不管是硬盘、光盘、软盘，还是 U 盘，凡是带盘的就是 DISK）。

分配通道都是基于设备做分配。RMAN 通道实质是一个到存储设备的数据流，如想速度更快，多建几个通道是有意义的。

1. 自动分配通道

自动分配通道是指在执行 RMAN 命令时，不需要显式制定通道的细节就可以使用通道（实际上也是使用预先设置或是使用默认的设置），如果没有手动分配通道，那么 RMAN 在执行 BACKUP 等操作 I/O 的命令时将会使用预定义配置中的设置来自动分配通道。

（1）查看默认的通道设备类型设置类型：

RMAN> show default device type;
using target database control file instead of recovery catalog
RMAN configuration parameters for database with db_unique_name PRAC are:
CONFIGURE DEFAULT DEVICE TYPE TO DISK; # default

（2）查看可用的设备类型（含通道的数目）：

RMAN> show device type;
RMAN configuration parameters for database with db_unique_name PRAC are:
CONFIGURE DEVICE TYPE DISK PARALLELISM 1 BACKUP TYPE TO BACKUPSET; # default

修改设备备份并行度：

RMAN> configure device type disk parallelism 2;   --设置设备备份并行度为 2，这样备份开始时会使用两个通道进行备份。
new RMAN configuration parameters:
CONFIGURE DEVICE TYPE DISK PARALLELISM 2 BACKUP TYPE TO BACKUPSET;
new RMAN configuration parameters are successfully stored

还原默认设置值：

RMAN> configure device type disk clear;
old RMAN configuration parameters:
CONFIGURE DEVICE TYPE DISK PARALLELISM 2 BACKUP TYPE TO BACKUPSET;
RMAN configuration parameters are successfully reset to default value

（3）查看通道配置：

RMAN> show channel;
RMAN configuration parameters for database with db_unique_name PRAC are:
RMAN configuration has no stored or default parameters

（4）修改通道配置：

RMAN> configure channel device type disk maxpiecesize 2G;
    --设置最大备份片的大小为 2G
new RMAN configuration parameters:
CONFIGURE CHANNEL DEVICE TYPE DISK MAXPIECESIZE 2 G;
new RMAN configuration parameters are successfully stored
RMAN> configure channel 1 device type disk to destination 'd:\backup';   --设置通道 1 的备份路径为'd:\backup'
new RMAN configuration parameters:
CONFIGURE CHANNEL 1 DEVICE TYPE DISK TO DESTINATION 'd:\backup';
new RMAN configuration parameters are successfully stored

（5）还原通道配置：

RMAN> configure channel device type disk clear;
old RMAN configuration parameters:
CONFIGURE CHANNEL DEVICE TYPE DISK MAXPIECESIZE 2 G;
old RMAN configuration parameters are successfully deleted
RMAN> configure channel 1 device type disk clear;
old RMAN configuration parameters:
CONFIGURE CHANNEL 1 DEVICE TYPE DISK TO DESTINATION   'd:\backup';
old RMAN configuration parameters are successfully deleted

2. 手动分配通道

分配通道有一个专用命令：ALLOCATE CHANNEL，该命令可以（并且只能）在 RUN 块中出现。在执行 BACKUP、RESTORE 等需要进行磁盘 I/O 操作的命令时，可以将它们与 ALLOCATE CHANNEL 命令放在一个手动分配通道。

使用 RUN 命令手动分配通道。语法为：

RUN{
ALLOCATE CHANNEL 通道名称 DEVICE TYPE 设备类型;
BACKUP…
}

RUN 块中，利用 ALLOCATE CHANNEL 为它们分配通道。例如：

RMAN>RUN{   ALLOCATE CHANNEL ch1 DEVICE
TYPE disk FORMAT 'd:/backup/%U';
BACKUP TABLESPACE users;}
RUN{   ALLOCATE CHANNEL ch1 DEVICE
2> TYPE disk FORMAT 'd:/backup/%U';
3> BACKUP TABLESPACE users;}

使用目标数据库控制文件替代恢复目录
分配的通道：ch1
通道 ch1：SID=202 设备类型=DISK
启动 backup 于 04-5 月-15
通道 ch1：正在启动全部数据文件备份集
通道 ch1：正在指定备份集内的数据文件
输入数据文件：文件号=00004 名称
=E:\APP\ADMINISTRATOR\ORADATA\ORCL\USERS01.DBF
通道 ch1：正在启动段 1 于 04-5 月 -15
通道 ch1：已完成段 1 于 04-5 月 -15
段句柄=D:\BACKUP\0KQ64K5I_1_1 标记=TAG20150504T232017 注释=NONE
通道 ch1：备份集已完成，经过时间:00:00:01
完成 backup 于 04-5 月 -15
释放的通道：ch1

RMAN 中执行的每一条 BACKUP、RECOVER 等命令都至少要求使用一个通道，通道数决定了这些操作执行的并行度，每条 ALLOCATE CHANNEL 命令对应一个通道，如果需要多个通道的话，执行多条 ALLOCATE CHANNEL 就行。

手动分配通道后，从严谨的角度来讲，应该在 RUN 块结束前释放这些通道，释放通道可以用 RELEASE CHANNEL 命令，不过不手动释放也没关系，RMAN 会在 RUN 块中任务执行完后自动释放该块中所用的通道。

6.1.3　RMAN 备份类型

1. 备份集

备份集（Backup Set）是 Oracle 默认的备份类型，把数据文件中已经使用过的数据块备份到一个或多个文件中，这样的文件叫做"备份片"，所有备份出来的文件组合成为"备份集"。备份集与备份片的关系类似于表空间与数据文件的关系，备份集是一个逻辑概念，将备份片（物理文件）逻辑地组织在一起。一般来说一个通道会产生一个备份集，比如启动了 3 个通道，那么每个通道负责生成一个备份集，不过如果启动了控制文件自动备份，那么控制文件所在的备份文件会单独生成一个备份集，不会与数据文件备份集合并在一起。如果在备份时候指定了每个备份集中包含的数据文件个数（通过 filesperset 设置），那么即便只有一个通道，也有可能生成多个备份集。

备份片（Backup Piece）：每个备份片是一个单独的输出文件。一个备份片的大小是有限制的，如果没有大小的限制，备份集就只由一个备份片构成。备份片的大小不能大于你的文件系统所支持的文件的最大值，最大值可以通过 maxpiecesize 设置：

```
RMAN > configure channel device type disk maxpiecesize 1024M ;
```

其中在进行控制文件备份以后，会出现一个独立备份集。控制文件和数据文件不能放在同一个备份集里，因为数据文件所在的备份集以 Oracle 数据块为最小单位，而控制文件所在备份集是以操作系统块作为最小单位。同样的，归档日志文件所在的备份集也是以操作系统块为最小单位，所以归档日志文件备份集和数据文件备份集不能在同一个备份集里面。

2. 镜像副本

镜像副本（Image Copy）与手工系统拷贝备份数据文件类似，是一个数据文件生成一个镜像副本文件（数据库数据文件、归档重做日志或者控制文件的精确副本），不同的是这个过程由 RMAN 完成，RMAN 复制的时候也是一个数据块一个数据块（Oracle Block）地复制，同时默认检测数据块是否出现物理损坏（默认不会进行逻辑损坏检查，需要手工启动），且不需要将表空间置为 begin backup 状态，与备份集类型不同在于生成的镜像副本中包含使用过的数据块，也包含从来没有用过的数据块。生成镜像副本的好处在于恢复速度相对备份集来说更快，恢复时可以不用拷贝，指定新位置即可。

备份集和镜像副本的区别：

镜像副本是与数据文件（Data file）、控制文件（Control File）或归档重做日志文件（Archived Log）完全一致的副本。用户可以使用操作系统工具或 RMAN 创建镜像副本，也能够使用操作系统工具或 RMAN 直接利用镜像副本恢复数据库，而无须任何额外处理。备份集是由被称为备份片的一个或多个物理文件构成的,其格式为 RMAN 自有格式。备份集与镜像副本的区别在于,备份集内可以包含多个数据文件,且备份过程中可以进行特殊处理,例如压缩或增量备份(Incremental Backup)等。备份集必须使用 RMAN 来恢复。

6.1.4 BACKUP 命令

RMAN 中所有的备份操作,都是通过 BACKUP 命令(指创建备份集方式的备份)进行的,对于比较简单的备份需求,甚至只需要执行一条命令,下面分别演示通过 BACKUP 命令进行不同级别的备份。BACKUP 命令的基本语法为:

BACKUP [backup_option] backup_object
[PLUS ARCHIVELOG]
[backup_object_option];

1. 整库的备份

只需要一条命令,如下所示:

RMAN>BACKUP DATABASE FORMAT 'D:\BACKUP\%U.BKP';

启动 backup 于 06-5 月 -15
使用通道 ORA_DISK_1
使用通道 ORA_DISK_2
通道 ORA_DISK_1: 正在启动全部数据文件备份集
通道 ORA_DISK_1: 正在指定备份集内的数据文件
输入数据文件: 文件号=00001 名称
=E:\APP\ADMINISTRATOR\ORADATA\ORCL\SYSTEM01.DBF
输入数据文件: 文件号=00004 名称
=E:\APP\ADMINISTRATOR\ORADATA\ORCL\USERS01.DBF
通道 ORA_DISK_1: 正在启动段 1 于 06-5 月 -15
通道 ORA_DISK_2: 正在启动全部数据文件备份集
通道 ORA_DISK_2: 正在指定备份集内的数据文件
输入数据文件: 文件号=00002 名称
=E:\APP\ADMINISTRATOR\ORADATA\ORCL\SYSAUX01.DBF
输入数据文件: 文件号=00003 名称
=E:\APP\ADMINISTRATOR\ORADATA\ORCL\UNDOTBS01.DBF
通道 ORA_DISK_2: 正在启动段 1 于 06-5 月 -15
通道 ORA_DISK_2: 已完成段 1 于 06-5 月 -15
段句柄=D:\BACKUP\11Q69S3M_1_1.BAK 标记=TAG20150506T230630 注释=NONE
通道 ORA_DISK_2: 备份集已完成, 经过时间:00:00:55
通道 ORA_DISK_2: 正在启动全部数据文件备份集
通道 ORA_DISK_2: 正在指定备份集内的数据文件
通道 ORA_DISK_1: 已完成段 1 于 06-5 月 -15
段句柄=D:\BACKUP\10Q69S3M_1_1.BAK 标记=TAG20150506T230630 注释=NONE
通道 ORA_DISK_1: 备份集已完成, 经过时间:00:00:57

通道 ORA_DISK_1: 正在启动全部数据文件备份集
通道 ORA_DISK_1: 正在指定备份集内的数据文件
备份集内包括当前的 SPFILE
通道 ORA_DISK_1: 正在启动段 1 于 06-5 月 -15
备份集内包括当前控制文件
通道 ORA_DISK_2: 正在启动段 1 于 06-5 月 -15
通道 ORA_DISK_1: 已完成段 1 于 06-5 月 -15
段句柄=D:\BACKUP\13Q69S5G_1_1.BAK 标记=TAG20150506T230630 注释=NONE
通道 ORA_DISK_1: 备份集已完成, 经过时间:00:00:01
通道 ORA_DISK_2: 已完成段 1 于 06-5 月 -15
段句柄=D:\BACKUP\12Q69S5E_1_1.BAK 标记=TAG20150506T230630 注释=NONE
通道 ORA_DISK_2: 备份集已完成, 经过时间:00:00:01
完成 backup 于 06-5 月 -15

其中，FORMAT 参数用来自定义备份文件的路径。该备份生成了两个备份文件（如果有多个通道，可能是多个文件）：一个是存储数据文件，另一个是存储控制文件和参数文件。

如果想看创建的全库备份，可以通过 LIST 命令来查看：

RMAN> LIST BACKUP OF DATABASE;

2. 备份表空间

只要实例启动并处于加载状态，无论数据库是否打开，都可以在 RMAN 中对表空间进行备份。使用 BACKUP TABLESPACE 命令备份一个或多个表空间。

RMAN>BACKUP TABLESPACE system,users FORMAT 'D:\BACKUP\%U.BKP';

启动 backup 于 06-5 月 -15
使用通道 ORA_DISK_1
使用通道 ORA_DISK_2
通道 ORA_DISK_1: 正在启动全部数据文件备份集
通道 ORA_DISK_1: 正在指定备份集内的数据文件
输入数据文件: 文件号=00001 名称
=E:\APP\ADMINISTRATOR\ORADATA\ORCL\SYSTEM01.DBF
通道 ORA_DISK_1: 正在启动段 1 于 06-5 月 -15
通道 ORA_DISK_2: 正在启动全部数据文件备份集
通道 ORA_DISK_2: 正在指定备份集内的数据文件
备份集内包括当前控制文件
通道 ORA_DISK_2: 正在启动段 1 于 06-5 月 -15
通道 ORA_DISK_2: 已完成段 1 于 06-5 月 -15
段句柄=D:\BACKUP\15Q69SDC_1_1.BKP 标记=TAG20150506T231140 注释=NONE
通道 ORA_DISK_2: 备份集已完成, 经过时间:00:00:07
通道 ORA_DISK_2: 正在启动全部数据文件备份集
通道 ORA_DISK_2: 正在指定备份集内的数据文件
输入数据文件: 文件号=00004 名称
=E:\APP\ADMINISTRATOR\ORADATA\ORCL\USERS01.DBF

通道 ORA_DISK_2: 正在启动段 1 于 06-5月 -15
通道 ORA_DISK_2: 已完成段 1 于 06-5月 -15
段句柄=D:\BACKUP\16Q69SDO_1_1.BKP 标记=TAG20150506T231140 注释=NONE
通道 ORA_DISK_2: 备份集已完成, 经过时间:00:00:03
通道 ORA_DISK_2: 正在启动全部数据文件备份集
通道 ORA_DISK_2: 正在指定备份集内的数据文件
备份集内包括当前的 SPFILE
通道 ORA_DISK_2: 正在启动段 1 于 06-5月 -15
通道 ORA_DISK_2: 已完成段 1 于 06-5月 -15
段句柄=D:\BACKUP\17Q69SDT_1_1.BKP 标记=TAG20150506T231140 注释=NONE
通道 ORA_DISK_2: 备份集已完成, 经过时间:00:00:03
通道 ORA_DISK_1: 已完成段 1 于 06-5月 -15
段句柄=D:\BACKUP\14Q69SDC_1_1.BKP 标记=TAG20150506T231140 注释=NONE
通道 ORA_DISK_1: 备份集已完成, 经过时间:00:00:42
完成 backup 于 06-5月 -15

如果想看创建的表空间备份，可以通过 LIST 命令来查看：

RMAN> LIST BACKUP OF TABLESPACE USERS;

3. 备份数据文件

有两种方式实现数据文件的备份：一种是通过数据文件名称来备份；另一种是通过数据文件编号指定来备份的数据文件。

可以通过查询数据字典 DBA_DATA_FILES 来得到数据文件名和数据文件编号。

```
SQL> select file_id,file_name from DBA_DATA_FILES;
   FILE_ID    FILE_NAME
----------------------------------------------------
        4    E:\APP\ADMINISTRATOR\ORADATA\ORCL\USERS01.DBF
        3    E:\APP\ADMINISTRATOR\ORADATA\ORCL\UNDOTBS01.DBF
        2    E:\APP\ADMINISTRATOR\ORADATA\ORCL\SYSAUX01.DBF
        1    E:\APP\ADMINISTRATOR\ORADATA\ORCL\SYSTEM01.DBF
```

通过 BACKUP DATAFILE 命令备份 USERS 表空间的数据文件：

RMAN>BACKUP DATAFILE 'E:\APP\ADMINISTRATOR\ORADATA\ORCL\USERS01.DBF' FORMAT 'D:\BACKUP\%U';

该命令与 BACKUP DATAFILE 4 FORMAT 'D:\BACKUP\%U';完全等价。

如果要查看指定数据文件的备份，可以用如下命令：

RMAN> list backup of datafile m;

注意：m=指定的数据文件序号，如果需要备份的数据文件有多个，m=多个序号，中间以逗号分隔即可，指定的序号在备份中必须存在对应的数据文件，否则会报错。

4. 备份控制文件

手动执行备份命令，例如：

RMAN> backup current controlfile format 'd:\backup\%U.bkp';

启动 backup 于 07-5月 -15

使用通道 ORA_DISK_1
使用通道 ORA_DISK_2
通道 ORA_DISK_1: 正在启动全部数据文件备份集
通道 ORA_DISK_1: 正在指定备份集内的数据文件
备份集内包括当前控制文件
通道 ORA_DISK_1: 正在启动段 1 于 07-5 月 -15
通道 ORA_DISK_1: 已完成段 1 于 07-5 月 -15
段句柄=D:\BACKUP\1NQ69VR8_1_1.BKP 标记=TAG20150507T001016 注释=NONE
通道 ORA_DISK_1: 备份集已完成, 经过时间:00:00:01
完成 backup 于 07-5 月 -15

如果想改为自动备份，只需要执行如下命令就可:

RMAN>CONFIGURE CONTROLFILE AUTOBACKUP ON;

在 Oracle11g 中，如果使用了闪回区，那么控制文件的自动备份会存储在闪回区中。

有时候为了安全，需要将控制文件的自动备份转移到其他目录下，这可以使用如下命令:

RMAN>CONFIGURE CONTROLFILE AUTOBACKUP FORMAT FOR DEVICE TYPE DISK TO 'd:\backup\control%F';

当备份服务器把 AUTOBACKUP 被置为 ON 时，RMAN 做任何备份操作，都会自动对控制文件做备份。

如果要查看备份的控制文件，可以通过以下命令进行:

RMAN> list backup of controlfile;

5. 备份归档重做日志文件

可以通过如下命令来查看归档日志信息:

sql>select * from v$archived_log;

使用 BACKUP ARCHIVELOG 命令备份归档重做日志文件:

RMAN> backup archivelog all format 'd:\backup\%U.BKP';

注意：执行 BACKUP 命令时指定可以 PLUS ARCHIVELOG 子句来实现备份归档重做日志文件。

RMAN> BACKUP datafile 4 PLUS ARCHIVELOG;

以上语句是在备份数据文件之前首先对所有归档文件进行备份。

完成备份之后，可以通过下列命令查看已备份的归档日志片段:

RMAN> LIST BACKUP OF ARCHIVELOG ALL;

6. 备份服务器初始化参数文件

在进行备份控制文件时，RMAN 会自动备份服务器的参数文件，并置于控制文件相同的备份片段中，因此很少需要单独对 SPFILE 进行备份，如果想单独备份，直接使用 BACKUP SPFILE 命令即可:

RMAN> BACKUP SPFILE FORMAT 'd:\backup\%U.BKP';

6.1.5 BACKUP 命令

使用 FORMAT 参数时可使用的各种替换变量，如下：

%c：备份片的拷贝数（从 1 开始编号）；
%d：数据库名称；
%D：位于该月中的天数（DD）；
%M：位于该年中的月份（MM）；
%F：一个基于 DBID 唯一的名称,这个格式的形式为 c-IIIIIIIIII-YYYYMMDD-QQ,其中 IIIIIIIII 为该数据库的 DBID，YYYYMMDD 为日期，QQ 是一个 1~256 的序列；
%n：数据库名称，并且会在右侧用 x 字符进行填充，使其保持长度为 8；
%u：是一个由备份集编号和建立时间压缩后组成的 8 字符名称。利用%u 可以为每个备份集生成一个唯一的名称；
%p：表示备份集中备份片段的编号，从 1 开始编号；
%U：是%u_%p_%c 的简写形式，利用它可以为每一个备份片段（即磁盘文件）生成一个唯一名称，这是最常用的命名方式；
%s：备份集的号；
%t：备份集时间戳；
%T：年月日格式(YYYYMMDD)

注意：如果在 backup 命令中没有指定 format 选项，则 RMAN 默认使用%U 为备份片段命名。

6.2 RMAN 恢复

RMAN 中的恢复对应两个操作：数据库修复（Restore）和数据库恢复（Recover）。使用 RMAN 进行数据库恢复时只能使用之前使用 RMAN 进行的备份，可以实现数据库的完全恢复，也可以实现数据库的不完全恢复。与用户管理的恢复类似，RMAN 恢复也分两个步骤，首先使用 restore 命令进行数据库的修复，然后使用 recover 命令进行数据库的恢复。

数据库修复是指利用备份集的数据文件来替换已经损坏的数据库文件或者将其恢复到一个新的位置。数据库恢复是指应用所有重做日志，将数据库恢复到崩溃前的状态，或者应用部分 REDO，将数据库恢复到指定的时间点。

RMAN 中提供了多种不同级别的恢复方式，可以恢复整个数据库，也可以只恢复某个或某几个表空间，或某个或某几个数据文件，可以单独恢复控制文件、初始化参数文件，或者归档文件。也就是说，用 RMAN 备份的就都能被恢复。

6.2.1 数据库进行完全介质恢复

如果数据库只剩下控制文件和参数文件，数据文件因为丢失或损坏，如果创建过整库的备份，并且执行备份操作之后，所有的归档日志文件和重做日志文件都还在，这种情况下就可以将数据库恢复到崩溃前那一刻的状态，这种恢复方式，叫做完全介质恢复。

执行完全介质恢复有以下三个步骤。

步骤1：启动数据库到加载状态：

SQL> conn system/Oracle123 as sysdba;
SQL> shutdown immediate;
SQL> startup mount;

步骤2：执行恢复操作：

c:>rman target /
RMAN> restore database;

启动 restore 于 07-5月 -15
使用目标数据库控制文件替代恢复目录
分配的通道: ORA_DISK_1
通道 ORA_DISK_1: SID=129 设备类型=DISK
分配的通道: ORA_DISK_2
通道 ORA_DISK_2: SID=191 设备类型=DISK

正在略过数据文件 1；已还原到文件
E:\APP\ADMINISTRATOR\ORADATA\ORCL\SYSTEM01.DBF
正在略过数据文件 4；已还原到文件
E:\APP\ADMINISTRATOR\ORADATA\ORCL\USERS01.DBF
正在略过数据文件 2；已还原到文件
E:\APP\ADMINISTRATOR\ORADATA\ORCL\SYSAUX01.DBF
正在略过数据文件 3；已还原到文件
E:\APP\ADMINISTRATOR\ORADATA\ORCL\UNDOTBS01.DBF
没有完成还原；所有文件均为只读或脱机文件或者已经还原
完成 restore 于 07-5月 -15

RMAN> recover database delete archivelog;

启动 recover 于 07-5月 -15
使用通道 ORA_DISK_1
使用通道 ORA_DISK_2

正在开始介质的恢复
介质恢复完成，用时: 00:00:01
完成 recover 于 07-5月 -15

执行 recover 命令时，附加的 delete archivelogs 和 skip tablespace 两个参数是可选参数，其作用如下：

delete archivelogs：表示 RMAN 将在完成恢复后自动删除那些在恢复过程中产生的归档日志文件。

步骤3：恢复完成后，打开数据库：

RMAN> alter database open;

6.2.2 表空间的恢复

执行表空间的恢复时，数据库可以是 mount 状态，也可以是 open 状态。在执行恢复之前，如果被操作的表空间未处于 offline 状态，必须首先通过 alter tablespace ... offline 语句将其置为脱机，操作步骤如下：

```
RMAN> sql 'alter tablespace users offline immediate';
sql 语句: alter tablespace users offline immediate
RMAN> restore tablespace users;

启动 restore 于 07-5 月 -15
分配的通道: ORA_DISK_1
通道 ORA_DISK_1: SID=132 设备类型=DISK
分配的通道: ORA_DISK_2
通道 ORA_DISK_2: SID=74 设备类型=DISK

通道 ORA_DISK_1: 正在开始还原数据文件备份集
通道 ORA_DISK_1: 正在指定从备份集还原的数据文件
通道 ORA_DISK_1: 将数据文件 00004 还原到 E:\APP\ADMINISTRATOR\ORADATA\ORCL\USERS01.DBF
通道 ORA_DISK_1: 正在读取备份片段 D:\BACKUP\1SQ6CBS2_1_1.BLK
通道 ORA_DISK_1: 段句柄 = D:\BACKUP\1SQ6CBS2_1_1.BLK 标记 = TAG20150507T214746
通道 ORA_DISK_1: 已还原备份片段 1
通道 ORA_DISK_1: 还原完成, 用时: 00:00:01
完成 restore 于 07-5 月 -15

RMAN> recover tablespace users;

启动 recover 于 07-5 月 -15
使用通道 ORA_DISK_1
使用通道 ORA_DISK_2
正在开始介质的恢复
介质恢复完成, 用时: 00:00:00
完成 recover 于 07-5 月 -15

RMAN> sql 'alter tablespace users online';
sql 语句: alter tablespace users online
```

如果一次对多个表空间进行恢复，那么只需要在执行 restore/recover 命令时同时指定多个表空间名称即可，相互间以逗号分隔。不过将表空间置为 online/offline，脚本不能合并为一条。

6.2.3　恢复数据文件

执行数据文件的恢复时，数据库可以是 mount 状态，也可以是 open 状态。在执行恢复之前，如果被操作的表空间未处于 offline 状态，必须首先通过 alter database datafile ... offline 语句将其置为脱机，操作步骤如下：

```
RMAN> sql 'alter database datafile 4 offline';
RMAN> restore datafile 4;
RMAN> recover datafile 4;
RMAN> sql 'alter database datafile 4 online';
```

执行 restore/recover 操作指定数据文件时，既可以以数据文件编号，也可以由具体的数据文件名代替，上述操作就是指定数据文件的编号。

如果由于磁盘损坏导致数据文件无法访问，那么恢复时数据文件可能无法再恢复到原路径，必须在执行 restore 命令之前，给数据文件指定新的路径，方式如下：

```
RMAN> RUN {
set newname for datafile 3 to 'f:\oracle\oradata\newdb\sysaux01.dbf';
restore datafile 3;
switch datafile 3;
recover datafile 3;
}
```

执行上述操作前，先要将数据文件置为 offline 状态。

6.2.4　恢复控制文件

Oracle 会默认在$oracle_home/dbs 或者$oracle_home/database 目录中创建服务器参数文件与控制文件。

假设已经还原了实例参数文件和启动了实例，还原控制文件时，一般过程是先设置 oracle_sid 和登录 RMAN，然后设置 DBID，使 RMAN 知道需要查找哪一个数据库的控制文件。

如果使用默认的位置来存储控制文件的自动备份，就可以简单地执行：restore controlfile from autobackup，这样 RMAN 就可以查找包含最新控制文件的控制文件备份集。一旦恢复了控制文件，就必须关闭重启数据库实例。如果使用的是非默认位置，就需要分配一个指向该位置的通道，然后再使用相同的方法来还原控制文件。

从自动备份中恢复的具体步骤如下：

步骤 1：建立测试环境（注：在正式的工作中不能进行该操作）：

由于控制文件在 Oracle 数据库运行期间会被 Oracle 进程锁定，无法直接删除，因此这里还是按照前面模拟丢失数据文件的方式，首先 shutdown 数据库，然后再删除控制文件：

```
SQL> conn system/Oracle123 as sysdba;
SQL> shutdown immediate;
SQL> $compy E:\app\Administrator\oradata\orcl\CONTROL0*.*    c:\*.*
```

```
SQL> $DEL E:\app\Administrator\oradata\orcl\CONTROL0*.*
SQL> startup nomount;
```
步骤 2：恢复控制文件。

新建一个窗口，连接到 RMAN 命令行：

```
C:\Users\Administrator>set oracle_sid=orcl
C:\Users\Administrator>rman target /
```
恢复管理器: Release 11.2.0.1.0 - Production on 星期日 5 月 10 20:54:55 2015

Copyright (c) 1982, 2009, Oracle and/or its affiliates.   All rights reserved.

目标数据库控制文件丢失，无法启动到 mount 状态，此处必须首先指定 DBID。

如何获得目标数据库的 DBID？要获得目标数据库的 DBID，可以通过多种方式查询，如我们创建自动备份时，如果没有更改其命名方式，文件名中会包含 DBID；或者查看之前生成的 RMAN 备份日志，当使用 RMAN 登录目录数据库后，最先输出的信息中就会显示出目标数据库的 DBID；或者连接到目标端数据库之后，查询 v$database 视图也可以获得。

```
RMAN> set dbid= 1407118974
```
正在执行命令: SET DBID

连接到目标数据库: ORCL (未装载)

恢复至默认路径下：

```
RMAN> restore controlfile from autobackup;
```
执行上述语句后，备份集中的控制文件会被恢复到初始化参数 control_files 指定的路径下。

步骤 3：启动数据库。

有了控制文件，就可以将数据库置为 mount 状态了：

```
RMAN> alter database mount;
```
数据库已装载

释放的通道: ORA_DISK_1

由于只是控制文件丢失，数据文件仍在，因此并不需要对整个数据库进行修复操作，只需要执行 recover 命令，重新应用备份的控制文件后生成的那些重做日志即可：

```
RMAN> recover database;
```
如果上述命令均正常执行，就可以打开数据库了：

```
RMAN> alter database open resetlogs;
```
数据库已打开

6.2.5 利用 RMAN 进行不完全恢复

（1）启动 RMAN 并连接目标数据库，如果使用恢复目录，还需要连接到恢复目录数据库。

（2）将数据库设置为加载状态。

```
RMAN>shutdown immediate;
RMAN>startup mount;
```

（3）利用 set until 命令设置恢复终止标记，然后进行数据库的修复与恢复操作。

（4）完成恢复操作后，以 resetlogs 方式打开数据库。

RMAN>alter database open resetlogs;

1. 基于时间的不完全恢复

基于时间恢复是指当出现用户错误（例如误删除表、误截断表）时，恢复到指定时间点的恢复。执行 RMAN，启动数据库到 mount 状态。使用 set until time 命令指定要恢复到的时间点。

```
RMAN>RUN{
set until time='2015-05-10 21:01:00';
restore database;
recover database;
sql 'alter database open resetlogs';
}
```

2. 基于 SCN 的不完全恢复

执行 RMAN，启动数据库到 mount 状态。使用 set until scn 命令指定要恢复到的 SCN 点。可以通过 SQL>select current_scn from v$database 来查询当前的 SCN。

以下为基于日志序列号的不完全恢复例子。

```
RMAN>RUN{
set until scn=1214281;
restore database;
recover database;
sql 'alter database open resetlogs';
}
```

3. 基于日志序列号的不完全恢复

基于日志序列号恢复是指恢复数据库到指定日志序列号的状态。

可以通过下面的语句来查询当前的日志序列号。

sql>archive log list

以下为基于日志序列号的不完全恢复例子。

```
RMAN>RUN{
startup force mount;
set until sequence=3;
restore database;
recover database;
sql 'alter database open resetlogs';
}
```

6.2.6 RMAN 恢复示例

通过前面的介绍，大家应该对在 RMAN 中执行恢复有了一定的认识，下面通过一个实际操作的案例来进一步了解归档模式的备份和丢失数据文件的恢复。我们来模拟一个过程，首先创建一份数据库的完全备份，然后在数据库中进行若干操作，之后删除该数据文件来模拟该文件意外丢失，最后通过 RMAN 来恢复该数据文件。

联机备份的步骤如下：

步骤 1：建立测试表，并向表里添加一条记录。

```
SQL> conn system/Oracle123;
SQL> create table test(a int) tablespace users;
SQL> insert into test values(1);
SQL> commit;
```

步骤 2：在备份之前做一次日志切换。

```
SQL> alter system archive log current;
```

步骤 3：将数据库进行整库的备份。

```
RMAN>BACKUP DATABASE;
```

步骤 4：再向测试表中添加一条记录，再做一次日志切换。

```
SQL> insert into test values(2);
SQL> commit;
SQL> alter system switch logfile;
```

步骤 5：关闭数据库，模拟丢失数据文件。

```
SQL> conn system/Oracle123 as sysdba;
SQL> shutdown immediate;
SQL> $del E:\app\Administrator\oradata\orcl\USERS01.DBF
```

步骤 6：启动数据库。

```
SQL> startup
```

Oracle 例程已经启动。

Total System Global Area 1071333376 bytes
Fixed Size   1375792 bytes
Variable Size   562037200 bytes
Database Buffers   503316480 bytes
Redo Buffers   4603904 bytes

数据库装载完毕。

ORA-01157: 无法标识/锁定数据文件 4 - 请参阅 DBWR 跟踪文件
ORA-01110: 数据文件 4: 'E:\APP\ADMINISTRATOR\ORADATA\ORCL\USERS01.DBF'

步骤 7：查询有问题的数据文件。

```
SQL> select * from v$recover_file;
    FILE# ONLINE  ERROR          CHANGE#    TIME
    ---------- ------- ------------------ ---------- -----------
         4 ONLINE                  1013500    2003-05-07
```

RMAM 恢复的步骤如下：

步骤 1：重新进入 RMAN 界面，将出现问题的表空间设置为脱机状态。

```
C:\>rman target/
```

```
RMAN> sql 'alter database datafile 4 offline';
```
步骤2：修复数据库。
```
RMAN> restore datafile 4;
```
步骤3：恢复数据库，完成介质恢复。
```
RMAN> recover datafile 4;

启动 recover 于 11-5 月 -15
使用通道 ORA_DISK_1
正在开始介质的恢复
介质恢复完成，用时：00:00:01
完成 recover 于 11-5 月 -15
```
步骤4：介质恢复完成后，将表空间恢复为联机状态。
```
RMAN> sql 'alter database datafile 4 online';
sql 语句: alter database datafile 4 online
```
步骤5：恢复完成后，打开数据库。
```
RMAN> alter database open;
数据库已打开
```
步骤6：检查数据记录丢失情况。
```
SQL> conn system/Oracle123
SQL> select * from system.test;
        A
----------
        1
        2
```
这里可以发现，数据库恢复成功，数据没有丢失。若丢失的数据文件有多个，则应先将相应的数据文件全部进行备份，再使用类似的恢复步骤进行恢复。

说明：

（1）RMAN 也可以实现单个表空间或数据文件的恢复，恢复过程可以在 mount 下或 open 方式下，如果在 open 方式下恢复，可以减少 down 机时间。

（2）如果损坏的是一个数据文件，建议 offline 并在 open 方式下恢复。

（3）这里可以看到，RMAN 进行数据文件与表空间恢复的时候，代码都比较简单，而且能保证备份与恢复的可靠性，所以建议采用 RMAN 的备份与恢复。

前面是通过命令来一步一步来实现的，也可以通过如下的恢复脚本来恢复单个数据文件。

```
RMAN> run{
allocate channel c1 type disk;
sql 'alter database datafile 4 offline';
restore datafile 4;
recover datafile 4;
sql 'alter database datafile 4 online';
```

```
release channel c1;
}
```

也可以是恢复表空间：

```
RMAN> run{
allocate channel c1 type disk;
sql 'alter database datafile 4 offline';
restore tablespace users;
recover tablespace users;
sql 'alter database datafile 4 online';
release channel c1;
}
```

其执行日志如下：

分配的通道: c1
通道 c1: SID=129 设备类型=DISK

sql 语句: alter database datafile 4 offline

启动 restore 于 11-5 月 -15

通道 c1: 正在开始还原数据文件备份集
通道 c1: 正在指定从备份集还原的数据文件
通道 c1: 将数据文件 00004 还原到 E:\APP\ADMINISTRATOR\ORADATA\ORCL\USERS01.DBF
通道 c1: 正在读取备份片段 E:\APP\ADMINISTRATOR\FLASH_RECOVERY_AREA\ORCL\BACKUPSET\2015_05_11\O1_MF_NNNDF_TAG20150511T223842_BO1HQM65_.BKP
通道 c1: 段句柄 = E:\APP\ADMINISTRATOR\FLASH_RECOVERY_AREA\ORCL\BACKUPSET\2015_05_11\O1_MF_NNNDF_TAG20150511T223842_BO1HQM65_.BKP 标记 = TAG20150511T223842
通道 c1: 已还原备份片段 1
通道 c1: 还原完成, 用时: 00:00:01
完成 restore 于 11-5 月 -15

启动 recover 于 11-5 月 -15

正在开始介质的恢复
介质恢复完成, 用时: 00:00:00

完成 recover 于 11-5 月 -15

sql 语句: alter database datafile 4 online

释放的通道: c1

7 Data Guard

知识提要:

掌握 Data Guard 的配置方法。

教学目标:

- 主库的创建;
- 备库的创建。

Data Guard 是甲骨文公司推出的一种高可用性数据库方案,在 Oracle 8i 之前被称为 Standby Database。从 Oracle 9i 开始,正式更名为 Data Guard。它是在主节点与备用节点间通过日志同步来保证数据的同步,可以实现数据库快速切换与灾难性恢复。Data Guard 只是在软件上对数据库进行设置,并不需要额外购买任何组件。用户能够在对主数据库影响很小的情况下,实现主备数据库的同步。而主备机之间的数据差异只限于在线日志部分,因此被不少企业用作数据容灾解决方案。

7.1 Data Guard 相关知识

7.1.1 Data Guard 结构

Data Guard 是一种数据库级别的 HA 方案,最主要功能是容灾、数据保护、故障恢复等。用来构建高可用的企业数据库应用环境。Data Guard 是一个集合,由一个 Primary 数据库(生产数据库）及一个或多个 Standby 数据库（备份数据库，最多 9 个）组成。Primary 数据库可以是单实例主数据库，也可以是 RAC 结构。Standby 数据库同样可以是单实例数据库，也可以是 RAC 结构。Standby 数据库通常分为两类：物理 Standby 和逻辑 Standby。

1. Primary 数据库

Primary 数据库在某些资料中也被称为主数据库，相同的 Data Guard 环境中至少要包含一个并且仅能有一个 Primary 数据库，实际上就是产生修改操作，并负责将这些操作传输到其他服务器的主数据库，该库既可以是单实例主数据库，也可以是 RAC 结构。

2. Standby 数据库

Standby 数据库在某些资料中也被称为从数据库，或者备数据库。Standby 数据库可以视作 Primary 数据库在某个时间点时的备份（事务上一致）。在同一套 Data Guard 配置中最多可以创建 9 个 Standby 数据库。一旦创建完成，Data Guard 通过在 Standby 数据库端，应用 Primary 数据库生成的重做记录（REDO 数据）的方式，自动维护每一个 Standby 数据库。Standby 数据库同样既可以是单实例数据库，也可以是 RAC 结构。

物理 Standby：具体到数据库就不仅是文件的物理结构相同，甚至连块在磁盘上的存储位置都是一模一样的（默认情况下）。物理 Standby 是通过接收并应用 Primary 数据库的 redo log 以介质恢复的方式（将 REDO 中发生了变化的块复制到 Standby）实现同步。我们知道物理 Standby 与 Primary 数据库完全一模一样，并有几个显著特点。物理 Standby 提供了一个健全而且极高效的灾难恢复及高可用性的解决方案，更加易于管理的 Switchover/Failover 角色转换及最短的计划内或计划外停机时间。应用物理 Standby 数据库，Data Guard 能够确保即使面对无法预料的灾害也能够不丢失数据。前面也提到物理 Standby 是基于块对块的复制，因此与对象、语句统统无关，Primary 数据库上有什么，物理 Standby 也会有什么。分担 Primary 数据库压力是通过将一些备份任务、仅查询的需求转移到物理 Standby，以此来节省 Primary 数据库的 CPU 以及 I/O 资源。物理 Standby 所使用的 REDO 应用技术使用最底层的恢复机制，这种机制能够绕过 SQL 级代码层来提升性能，因此效率最高。

逻辑 Standby：逻辑上与 Primary 数据库相同，结构可以不一致。逻辑 Standby 是将接收到的 REDO 数据转换成 SQL 语句，然后执行 SQL 语句方式应用 REDO 数据。逻辑 Standby 通过 SQL 应用与 Primary 数据库保持一致，也正因如此，逻辑 Standby 可以以 read-write 模式打开，你可以在任何时候访问逻辑 Standby 数据库。但逻辑 Standby 对于某些数据类型以及一些 ddl、dml 会有操作上的限制。逻辑 Standby 数据库可以在更新表的时候仍然保持打开状态，此时这些表可同时用于只读访问。这使得逻辑 Standby 数据库能够同时用于数据保护和报表操作，从而将主数据库从那些报表和查询任务中解脱出来，节约宝贵的 CPU 和 I/O 资源。逻辑 Standby 还具有平滑升级的特点，对于跨版本升级、打补丁等具有很大的应用空间而风险较小。

7.1.2 Data Guard 保护模式

（1）最大保护（Maximize Protection）。

这种模式能够确保绝无数据丢失。要实现这一步的前提是它要求所有的事务在提交前，其 REDO 不仅要被写入到本地的 online redo log，同时还要提交到 Standby 数据库的 Standby redo log，并确认 REDO 数据至少在一个 Standby 数据库可用（如果有多个的话），然后才会在 primary 数据库上提交。如果出现了什么故障导致 standby 数据库不可用的话，Primary 数据库会被 shutdown。

（2）最大性能（Maximize Performance）。

这种模式可以在不影响 Primary 数据库性能的前提下提供最高级别的数据保护策略。事务可以随时提交，当前 Primary 数据库的 REDO 数据也需要至少写入一个 Standby 数据库，不过这种写入可以是不同步的。这种模式是缺省模式。

（3）最大可用性（Maximize Availability）。

这种模式可以在不影响 Primary 数据库可用前提下提供最高级别的数据保护策略。其实现方式与最大保护模式类似，也是要求所有事务在提交前必须保障 REDO 数据至少在一个 Standby 数据库可用，不过与之不同的是，如果出现故障导致无法同时写入 Standby 数据库 redo log，Primary 数据库并不会 shutdown，而是自动转为最高性能模式，等 Standby 数据库恢复正常之后，它又会再自动转换成最高可用性模式。

7.1.3 Data Guard 角色转换

在 Data Guard 中想变个身份并不是太麻烦的事情，Data Guard 中提供了两种方式供转换：Switchover 和 Failover。

Switchover：Primary 数据库和 Standby 数据库之间的角色切换，如将 Primary 数据库转换成 Standby 数据库，将 Standby 数据库转换成 Primary 数据库。Switchover 可以确保数据不会丢失。其执行分两个阶段：第一步，Primary 数据库转换为 Standby 角色；第二步，Standby 数据库（之一）转换为 Primary 角色。

Failover：当 Primary 数据库出现故障且不能被及时恢复时，就需要通过 Failover 将 Data Guard 配置的其中一个 Standby 数据库转换为新的 Primary 数据库。在最大保护模式或最高可用性保护模式下，Failover 也可以保证不会丢失数据。

7.1.4 Data Guard 特点

Data Guard 的特点如下：

（1）灾难恢复及高可用性。

（2）全面的数据保护。

（3）有效利用系统资源。

(4) 有高可用及高性能之间更加灵活的平衡机制。
(5) 故障自动检查及解决方案。
(6) 集中的易用的管理模式。
(7) 自动化的角色转换。

7.1.5 Data Guard 相关初始化参数

对于 Primary 数据库，有几个与角色相关的初始化参数需要进行设置，这些参数初始时有些用来控制 REDO 传输服务（即 Primary 数据库生成的 REDO 数据传给谁以及怎么传），有些用来指定角色，还有几个与 Standby 角色相关的初始化参数，也建议进行配置，以便进行 switchover/failover 操作后，Primary/Standby 数据库仍能正常工作，建议不管是 Primary 数据库，还是 Standby 数据库，对于角色相关的初始化参数都进行配置。

表 7-1 中所列举的参数是与 Data Guard 相关的一些初始化参数及简要介绍。

表 7-1 Data Guard 环境应配置的初始化参数

	下列参数为 Primary 角色相关的初始化参数
DB_NAME	注意保持同一个 Data Guard 中所有数据库 DB_NAME 相同 例如：DB_NAME=jssbook
DB_UNIQUE_NAME	为每一个数据库指定一个唯一的名称，该参数一经指定不会再发生变化，除非 DBA 主动修改它 例如：DB_UNIQUE_NAME=jsspre
LOG_ARCHIVE_CONFIG	该参数用来控制从远端数据库接收或发送 REDO 数据，通过 DG_CONFIG 属性罗列同一个 Data Guard 中所有 DB_UNIQUE_NAME（含 Primary 数据库和 Standby 数据库），以逗号分隔，SEND/NOSEND 属性控制是否可以发送，RECEIVE/NORECEIVE 属性控制是否能够接收 例如：LOG_ARCHIVE_CONFIG='DG_CONFIG=(jsspre,jsspdg)'
LOG_ARCHIVE_DEST_n	归档文件的生成路径。该参数非常重要，并且属性和子参数也特别多（这里不一一列举，后面用到时单独讲解，如果你很好奇，建议直接查询 Oracle 官方文档。Data Guard 白皮书第 14 章专门介绍了该参数各属性及子参数的功能和设置）。例如： LOG_ARCHIVE_DEST_1= 'LOCATION=l:\oracle\oradata\jssbook VALID_FOR=(ALL_LOGFILES, ALL_ROLES) DB_UNIQUE_NAME=jsspre'
LOG_ARCHIVE_DEST_STATE_n	是否允许 REDO 传输服务传输 REDO 数据到指定的路径。该参数共拥有 4 个属性值，功能各不相同，后文实际用到时会有详述
REMOTE_LOGIN_PASSWORDFILE	推荐设置参数值为 EXCLUSIVE 或者 SHARED，注意保证相同 Data Guard 配置中所有 DB 服务器 SYS 密码相同

续表

以下参数为与 Standby 角色相关的参数（建议在 Primary 数据库的初始化参数中也进行设置，这样即使发生角色切换，新的 Standby 也能直接正常运行）

参数	说明
FAL_SERVER	指定一个 Net 服务名，该参数值对应的数据库应为 Primary 角色。当本地数据库为 Standby 角色时，如果发现存在归档中断的情况，该参数用来指定获取中断的归档文件的服务器 例如：FAL_SERVER=jsspre 提示：FAL 是 Fetch Archived Log 的缩写 FAL_SERVER 参数支持多个参数值，相互间以逗号分隔
FAL_CLIENT	又指定一个 Net 服务名，该参数对应数据库应为 Standby 角色。当本地数据库以 Primary 角色运行时，向参数值中指定的站点发送中断的归档文件 例如：FAL_CLIENT=jsspdg FAL_CLIENT 参数也支持多个参数值，相互间以逗号分隔
DB_FILE_NAME_CONVERT	Standby 数据库的数据文件路径与 Primary 数据库数据文件路径不一致时，可以通过设置 DB_FILE_NAME_CONVERT 参数的方式让其自动转换。该参数值应该成对出现，前面的值表示转换前的形式，后面的值表示转换后的形式 例如：DB_FILE_NAME_CONVERT='f:\oradata\jsspre','l:\oradata\jsspdg'
LOG_FILE_NAME_CONVERT	使用方式与上相同，只不过 LOG_FILE_NAME_CONVERT 专用来转换日志文件路径 例如：LOG_FILE_NAME_CONVERT='f:\oradata\jsspre','l:\oradata\jsspdg'
STANDBY_FILE_MANAGEMENT	如果 Primary 数据库数据文件发生修改（如新建、重命名等）则按照本参数的设置在 Standby 数据库中作相应修改。设为 AUTO 表示自动管理，设为 MANUAL 表示需要手工管理 例如：STANDBY_FILE_MANAGEMENT=AUTO

上面列举的这些参数仅对于 Primary/Standby 数据库而言，不同角色相关的参数不同，还有一些基础性参数，如*_dest、*_size 等与数据库相关的参数在具体配置时也需要根据实际情况做出适当修改。

7.2 物理 Primary 数据库配置

Primary 数据库配置主要有以下步骤：实现装有 Oracle 数据库的两台计算器能互访；将主数据库置于归档模式（创建 Data Guard 必须使数据库工作在归档的模式）；将主数据库置为 Force Logging 模式；创建备用数据库控制文件（备用机要用）；配置主库的初始化参数文件（也就是手动修改 Oracle 的初始化的参数）。

7.2.1 设定环境

（1）主数据库。

IP 地址：192.168.64.1。

数据库 SID：orcl。

DB_UNIQUE_NAME：orcl。

数据库软件安装路径：E:\app\Administrator\product\11.2.0\dbhome_1。

数据文件路径：E:\app\Administrator\oradata\orcl。

本地归档路径：F:\arch。

Debug 日志输出路径：E:\app\Administrator\admin\orcl。

（2）备机数据库。

IP 地址：192.168.64.128。

数据库 SID：orcl。

DB_UNIQUE_NAME：orcl。

数据库软件安装路径：E:\app\Administrator\product\11.2.0\dbhome_1。

数据文件路径：E:\app\Administrator\oradata\orcl。

本地归档路径：E:\arch。

Debug 日志输出路径：E:\app\Administrator\admin\orcl。

7.2.2 实现装有 Oracle 数据库的两台计算器能互访

（1）配置主备库的监听（Net Configuration Assistant），使主备库的监听服务能正常启动。如果监听没有启动可以选删除再重新创建监听。

（2）配置主备库的 tnsnames.ora，主备库皆在 tnsnames.ora 中添加以下内容：

```
PRIMARY =
        (DESCRIPTION =
            (ADDRESS_LIST =
                (ADDRESS = (PROTOCOL = TCP)(HOST = 192.168.64.1)(PORT = 1521))
            )
            (CONNECT_DATA =
                (SERVICE_NAME = orcl)
            )
        )

STANDBY =
        (DESCRIPTION =
            (ADDRESS_LIST =
                (ADDRESS = (PROTOCOL = TCP)(HOST = 192.168.64.128)(PORT = 1521))
```

```
            )
        (CONNECT_DATA =
            (SERVICE_NAME = orcl)
        )
)
```

（3）主库备库分别重新打开监听，tnsping primary、tnsping standby 看能否 ping 通，ping 通即可进入下一步，不通的话可检查防火墙是否关闭，配置是否有问题。

C:\Users\Administrator>tnsping primary

已使用 TNSNAMES 适配器来解析别名
尝试连接 (DESCRIPTION = (ADDRESS_LIST = (ADDRESS = (PROTOCOL = TCP)(HOST = 192.1 68.64.1)(PORT = 1521))) (CONNECT_DATA = (SERVICE_NAME = orcl)))
OK (0 毫秒)

C:\Users\Administrator>tnsping standby

已使用 TNSNAMES 适配器来解析别名
尝试连接 (DESCRIPTION = (ADDRESS_LIST = (ADDRESS = (PROTOCOL = TCP)(HOST = 192.1 68.64.128)(PORT = 1521))) (CONNECT_DATA = (SERVICE_NAME = orcl)))
OK (20 毫秒)

只要看到 OK 就表示配置正确。

7.2.3 启用归档模式

执行 archive log list 命令，查看当前的归档状态：

SQL> conn system/Oracle123 as sysdba;
已连接。
SQL> archive log list;

数据库日志模式	存档模式
自动存档	启用
存档终点	f:\arch\
最早的联机日志序列	5
下一个存档日志序列	7
当前日志序列	7

如果是没有启用归档，则用如下语句进行归档：

SQL>$mkdir f:\arch
SQL>$mkdir f:\archstandby
SQL>alter system set log_archive_dest_1='location=f:\arch\' scope=spfile;
SQL>alter system set log_archive_format='arch_%d_%t_%r_%s.log'scope=spfile;
SQL>conn system/Oracle123as sysdba;
SQL>shutdown immediate;
SQL>startup mount;
SQL>alter database archivelog;

SQL>alter database open;
SQL>alter system switch logfile;

以上命令执行的结果如下：

SQL> alter system set log_archive_dest_1='location=f:\arch\' scope=spfile;
系统已更改。
SQL> alter system set log_archive_format='arch_%d_%t_%r_%s.log'scope=spfile;
系统已更改。
SQL> conn system/Oracle123 as sysdba;
已连接。
SQL> shutdown immediate;
数据库已经关闭。
已经卸载数据库。
ORACLE 例程已经关闭。
SQL> startup mount;
ORACLE 例程已经启动。

Total System Global Area	1071333376 bytes
Fixed Size	1375792 bytes
Variable Size	545259984 bytes
Database Buffers	520093696 bytes
Redo Buffers	4603904 bytes

数据库装载完毕。
SQL> alter database archivelog;
数据库已更改。
SQL> alter database open;
数据库已更改。
SQL> alter system switch logfile;
系统已更改。

7.2.4　启用 Force Logging

查询数据库是否处于 Force Logging 模式：

SQL> select force_logging from v$database;
FOR

NO

结果为否，将 Primary 数据库置为 Force Logging 模式。通过下列语句：

SQL> ALTER DATABASE FORCE LOGGING;
数据库已更改。

提示：什么是 Force Logging？

　　想必大家知道有一些 DDL 语句可以通过指定 nologging 子句的方式避免写 REDO（目的是提高速度，某些时候确实有效）。指定数据库为 Force Logging 模式后，数据库将会记录除临时表空间或临时回滚段外所有的操作，而忽略类似 nologging 之类的指定参数。如果在执行 Force Logging 时有 nologging 之类的语句在执行，那么 Force Logging 会等待，直到这类语句全部执行。

Force Logging 是作为固定参数保存在控制文件中，因此其不受重启之类操作的影响（只执行一次即可），如果想取消，可以通过 alter database no force logging 语句关闭强制记录。

7.2.5 创建 Standby 数据库控制文件

在主库上执行下列语句为备用数据库创建控制文件：

```
conn system/Oracle123 as sysdba;
shutdown immediate;
startup mount;
alter database create standby controlfile as 'f:\111.ctl';
```

以上语句的执行结果如下：

```
SQL> conn system/Oracle123 as sysdba;
已连接。
SQL> shutdown immediate;
数据库已经关闭。
已经卸载数据库。
ORACLE 例程已经关闭。
SQL> startup mount;
ORACLE 例程已经启动。
Total System Global Area 1071333376 bytes
Fixed Size                  1375792 bytes
Variable Size             545259984 bytes
Database Buffers          520093696 bytes
Redo Buffers                4603904 bytes
数据库装载完毕。
SQL> alter database create standby controlfile as 'f:\111.ctl';
数据库已更改。
```

注意：控制文件通常需要有多份，可以采用手工将上述文件复制几份，或者用命令多创建几个出来。需要注意，如果选择多次执行上述命令创建出多份，务必确保执行创建时数据库处于 mount 状态，否则几个控制文件的 SCN 有可能并不匹配，从而导致 Standby 数据库无法正常启动到 mount 状态。

另外，创建完控制文件之后到 Standby 数据库创建完成这段时间内，要保证 Primary 数据库不再有结构上的变化（如增加表空间等），不然 Primary 和 Standby 同步时会有问题。

7.2.6 配置主库的初始化参数文件

要修改的初始化参数项较多，而 SPFile 为二进制文件，无法直接编辑，为方便起见，建议首先创建客户端的初始化参数文件 PFile 并修改，然后再通过 PFile 重建 SPFile。

说明：

PFile（Parameter File，参数文件）是基于文本格式的参数文件，含有数据库的配置参数。

SPFile（Server Parameter File，服务器参数文件）是基于二进制格式的参数文件，含有数据库及例程的参数和数值，但不能用文本编辑工具打开。

SPFile 和 PFile 都是数据库的参数文件，PFile 是到 8i 为止的主要参数文件，从 9i 开始，Oracle 采用了 SPFile 文件，这样做的好处提高了安全性。

（1）通过当前的 SPFile 创建 PFile：

```
SQL> create pfile='f:\init.ora' from spfile;
文件已创建。
```

（2）关闭主库，数据库进行冷备份。

复制主库的数据文件、日志文件到备用数据库，同时复制主库刚创建的 pfile（f:\init.ora），pwd 和 controlfile（f:\111.ctl）文件也到备用数据库，可以用以下命令来先将要拷贝的文件拷到一个目录，然后再将整个目录拷到备用机：

```
shutdown immediate;
$mkdir f:\bf;
$copy E:\app\Administrator\oradata\orcl\*.* f:\bf
$copy f:\init.ora f:\bf
$copy f:\111.ctl f:\bf
$copy E:\app\Administrator\product\11.2.0\dbhome_1\database\PWDorcl.ora f:\bf;
```

说明：PWDorcl.ora 文件为 Oracle 数据库的口令文件。

以上语句执行的结果如下：

```
SQL> shutdown immediate;
ORA-01109: 数据库未打开
已经卸载数据库。
ORACLE 例程已经关闭。
SQL> $mkdir f:\bf;
SQL> $copy E:\app\Administrator\oradata\orcl\*.* f:\bf
E:\app\Administrator\oradata\orcl\CONTROL01.CTL
E:\app\Administrator\oradata\orcl\CONTROL011.CTL
E:\app\Administrator\oradata\orcl\REDO01.LOG
E:\app\Administrator\oradata\orcl\REDO02.LOG
E:\app\Administrator\oradata\orcl\REDO03.LOG
E:\app\Administrator\oradata\orcl\SYSAUX01.DBF
E:\app\Administrator\oradata\orcl\SYSTEM01.DBF
E:\app\Administrator\oradata\orcl\TEMP01.DBF
E:\app\Administrator\oradata\orcl\UNDOTBS01.DBF
E:\app\Administrator\oradata\orcl\USERS01.DBF
```

```
已复制         10 个文件。
SQL> $copy f:\init.ora f:\bf
已复制         1 个文件。
SQL> $copy f:\111.ctl f:\bf
已复制         1 个文件。
SQL> $copy E:\app\Administrator\product\11.2.0\dbhome_1\database\PWDorcl.ora f:\
bf;
已复制         1 个文件。
```

（3）在主库上用 UltraEdit 或 plsqldev 修改初始化参数文件中的参数，修改刚才生成的 PFile 文件（f:\init.ora），添加以下各行参数。

```
*.log_archive_dest_2='SERVICE=standby'
*.LOG_ARCHIVE_DEST_STATE_1=ENABLE
*.LOG_ARCHIVE_DEST_STATE_2=ENABLE
*.FAL_SERVER=standby
*.FAL_CLIENT=primary
*.STANDBY_FILE_MANAGEMENT=AUTO
*.STANDBY_ARCHIVE_DEST='f:\archstandby'
*.DB_FILE_NAME_CONVERT=('E:\app\Administrator\oradata\orcl','E:\app\Administrator\oradata\orcl')
*.LOG_FILE_NAME_CONVERT=('E:\app\Administrator\oradata\orcl','E:\app\Administrator\oradata\orcl')
```

参数说明：

```
*.log_archive_dest_2='SERVICE=standby'     <指向第2个归档日志存放位置，至备机>
*.LOG_ARCHIVE_DEST_STATE_1=ENABLE
*.LOG_ARCHIVE_DEST_STATE_2=ENABLE
*.FAL_SERVER=standby     <作为备库时主库的网络名>
*.FAL_CLIENT=primary     <作为备库时备库的网络名>
*.STANDBY_FILE_MANAGEMENT=AUTO
*.STANDBY_ARCHIVE_DEST='f:\archstandby'    <作为备库时归档日志存放位置>
*.DB_FILE_NAME_CONVERT=('D:\oracle\product\10.1.0\oradata\orcl','D:\oracle\product\10.1.0\oradata\orcl')
```
<当主库和备库数据文件存放位置不一致时加路径转换，一致时可不加，前为主库数据文件路径，后为备库数据文件路径，在本例中，两个数据库的路径相同，可以不加>

```
*.LOG_FILE_NAME_CONVERT=('D:\oracle\product\10.1.0\oradata\orcl','D:\oracle\product\10.1.0\oradata\orcl')
```
<当主库和备库在线日志文件（Redo Log）存放位置不一致时路径转换，一致时可不加，前为主库在线日志文件路径，后为备库在线日志文件路径>

（4）通过 PFile 再重新生成 SPFile：

```
SQL> create spfile from pfile='f:\init.ora' ;
```

说明：此处 PFile 文件为修改过的参数文件。

```
SQL> startup
```

由于 SPFile 文件无法在实例以 SPFile 方式启动时创建，在执行上面语句时必须保证数据库在关闭状态的。如果是启动的则先得 shutdown 数据库。

7.2.7 复制相关文件到 Standby 服务器

需要复制的文件包括：所有的数据文件、重做日志文件，以及刚刚创建的 Standby 数据库的控制文件、客户端初始化参数文件（用来创建 Standby 数据库的服务器端初始化参数文件）和口令文件，这些文件在前面的操作时都已拷贝到 f:\bf 目录中。

如果两台机器可以通过共享访问，则通过 copy 命令复制即可：

```
E:\>copy f:\bf\*.* \\192.168.64.128\e$\bf\
f:\bf\111.CTL
f:\bf\CONTROL01.CTL
f:\bf\CONTROL011.CTL
f:\bf\init.ora
f:\bf\PWDorcl.ora
f:\bf\REDO01.LOG
f:\bf\REDO02.LOG
f:\bf\REDO03.LOG
f:\bf\SYSAUX01.DBF
f:\bf\SYSTEM01.DBF
f:\bf\TEMP01.DBF
f:\bf\UNDOTBS01.DBF
f:\bf\USERS01.DBF
已复制         13 个文件。
```

如果两台机器无法通过共享访问，也可以通过远程桌面或 FTP 等方式传输文件，如果要用远程桌面则需要做如下设置。

（1）备库机器上启用远程桌面，如图 7-1 所示。

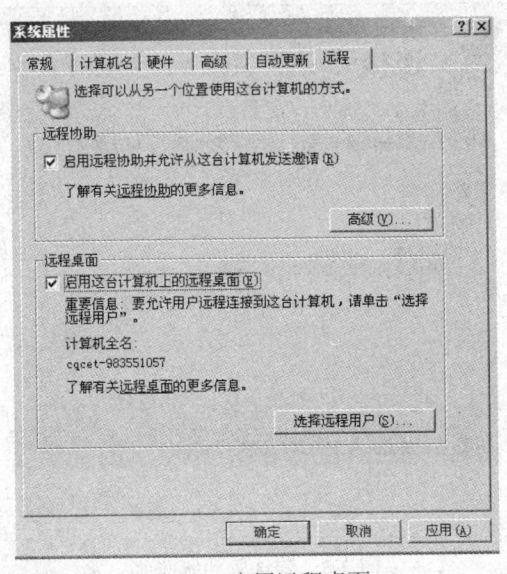

图 7-1 启用远程桌面

（2）在主库机库上选择"开始"→"程序"→"附件"→"远程桌面连接"命令来启动远程连接，再选择"本地资源"选项卡，如图 7-2 所示。

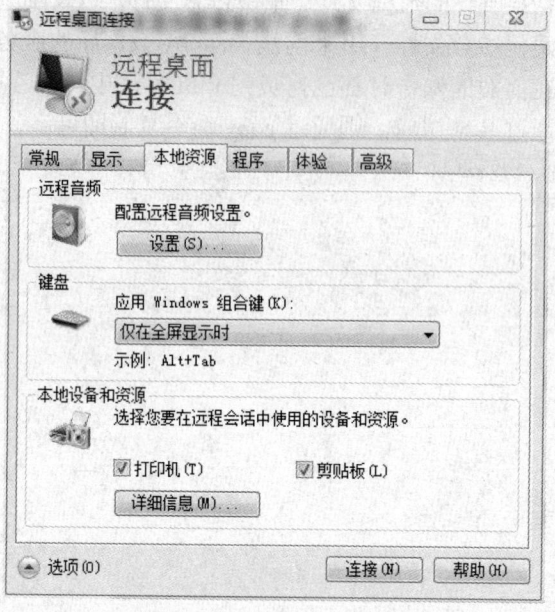

图 7-2 "本地资源"选项卡

（3）单击"详细信息"按钮，在弹出的对话框中将驱动器勾上，如图 7-3 所示。

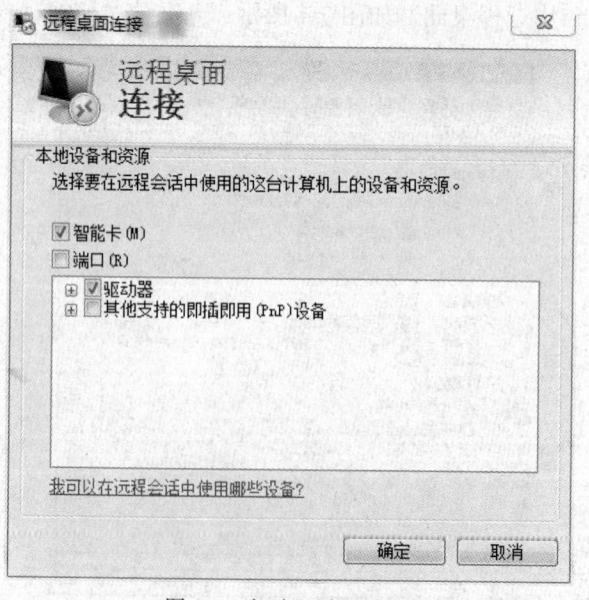

图 7-3 勾选驱动器选项

（4）做了这些设置之后，单击"确定"按钮，再选择"常规"选项卡，在计算机处录入备库机器的 IP 地址，再单击"连接"按钮即可。如图 7-4 所示。

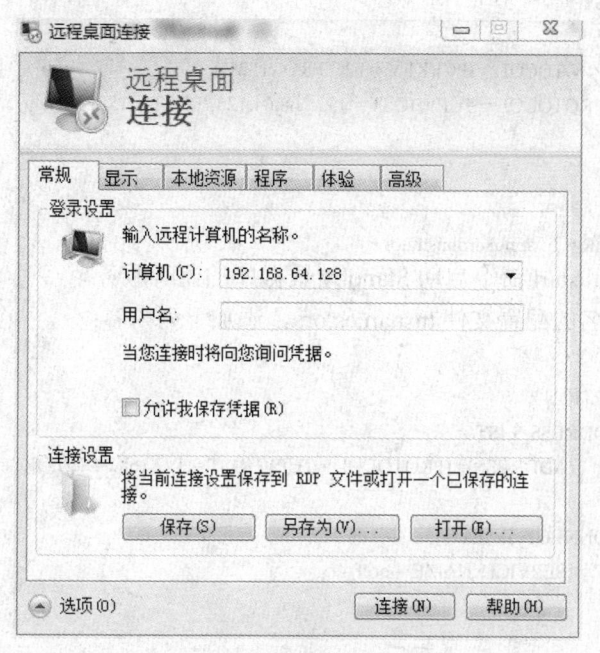

图 7-4 录入备库机器 IP 地址

7.3 物理 Standby 数据库配置

7.3.1 配置监听和网络服务名

Standby 数据库计算机上配置监听和网络服务名创建方式与创建 Primary 数据库时相同，注意修改相关的服务名和路径。

首先也是修改监听的配置文件，添加如下内容：

```
SID_LIST_LISTENER =
  (SID_LIST =
    (SID_DESC =
      (SID_NAME = CLRExtProc)
      (ORACLE_HOME = E:\app\Administrator\product\11.2.0\dbhome_1)
      (PROGRAM = extproc)
      (ENVS = "EXTPROC_DLLS=ONLY:E:\app\Administrator\product\11.2.0\dbhome_1\bin\oraclr11.dll")
    )
  )
```

```
LISTENER =
  (DESCRIPTION_LIST =
    (DESCRIPTION =
      (ADDRESS = (PROTOCOL = IPC)(KEY = EXTPROC1521))
      (ADDRESS = (PROTOCOL = TCP)(HOST = 192.168.64.128)(PORT = 1521))
    )
  )

ADR_BASE_LISTENER = E:\app\Administrator
```

完成后通过 lsnrctl start 命令启动 Standby 数据库的监听服务。

再打开网络服务名的配置文件 tnsnames.ora，添加下列内容：

```
PRIMARY =
      (DESCRIPTION =
            (ADDRESS_LIST =
                  (ADDRESS = (PROTOCOL = TCP)(HOST = 192.168.64.1)(PORT = 1521))
            )
            (CONNECT_DATA =
                  (SERVICE_NAME = orcl)
            )
      )

STANDBY =
      (DESCRIPTION =
            (ADDRESS_LIST =
                  (ADDRESS = (PROTOCOL = TCP)(HOST = 192.168.64.128)(PORT = 1521))
            )
            (CONNECT_DATA =
                  (SERVICE_NAME = orcl)
            )
      )
```

此时最好在两台服务器间使用 tnsping 命令相互测试网络服务器是否可用。

7.3.2　建立归档的目录和备份的目录，并进行备用机的备份

在备库上执行如下操作：

```
$mkdir e:\bf_standby;
$mkdir e:\arch;
$mkdir e:\archstand
conn system/Oracle123    as sysdba;
shutdown immediate;
$copy E:\app\Administrator\oradata\orcl\*.* e:\bf_standby
```

$copy E:\app\Administrator\product\11.2.0\dbhome_1\database\PWDorcl.ora e:\bf_standby

$copy E:\app\Administrator\product\11.2.0\dbhome_1\database\SPFILEORCL.ORA e:\bf_standby

以上语句执行的结果如下：

SQL> $mkdir e:\bf_standby;

SQL> $mkdir e:\arch;

SQL> $mkdir e:\archstand

SQL> conn system/Oracle123   as sysdba;

已连接。

SQL> shutdown immediate;

数据库已经关闭。

已经卸载数据库。

ORACLE 例程已经关闭。

SQL> $copy E:\app\Administrator\oradata\orcl*.* e:\bf_standby

E:\app\Administrator\oradata\orcl\CONTROL01.CTL

E:\app\Administrator\oradata\orcl\EXAMPLE01.DBF

E:\app\Administrator\oradata\orcl\REDO01.LOG

E:\app\Administrator\oradata\orcl\REDO02.LOG

E:\app\Administrator\oradata\orcl\REDO03.LOG

E:\app\Administrator\oradata\orcl\SYSAUX01.DBF

E:\app\Administrator\oradata\orcl\SYSTEM01.DBF

E:\app\Administrator\oradata\orcl\TEMP01.DBF

E:\app\Administrator\oradata\orcl\UNDOTBS01.DBF

E:\app\Administrator\oradata\orcl\USERS01.DBF

已复制   10 个文件。

SQL> $copy E:\app\Administrator\product\11.2.0\dbhome_1\database\PWDorcl.ora e:\
bf_standby

已复制   1 个文件。

SQL> $copy E:\app\Administrator\product\11.2.0\dbhome_1\database\SPFILEORCL.ORA e:\bf_standby

已复制   1 个文件。

7.3.3　替换备库机器对应文件

在备份库上执行如下操作：

$del E:\app\Administrator\oradata\orcl*.*

$copy E:\bf*.* E:\app\Administrator\oradata\orcl;

$copy E:\bf\111.ctl E:\app\Administrator\oradata\orcl\CONTROL01.CTL;

$copy E:\bf\111.ctl E:\app\Administrator\oradata\orcl\CONTROL02.CTL;

$copy E:\bf\111.ctl E:\app\Administrator\oradata\orcl\CONTROL03.CTL;

$del E:\app\Administrator\product\11.2.0\dbhome_1\database\PWDorcl.ora

$copy   e:\bf\PWDorcl.ora E:\app\Administrator\product\11.2.0\dbhome_1\database\PWDorcl.ora

以上语句的作用是先将备库的数据文件、日志文件、口令文件全部删除。将主库中备份出来的数据文件、口令文件以及在主库中为备库生成的控制文件,拷贝到备库的对应目录中去。

以上语句执行的结果如下:

SQL> $del E:\app\Administrator\oradata\orcl*.*

E:\app\Administrator\oradata\orcl*.*, 是否确认(Y/N)? y

SQL> $copy E:\bf*.* E:\app\Administrator\oradata\orcl;

E:\bf\111.CTL

E:\bf\CONTROL01.CTL

E:\bf\CONTROL011.CTL

E:\bf\init.ora

E:\bf\PWDorcl.ora

E:\bf\REDO01.LOG

E:\bf\REDO02.LOG

E:\bf\REDO03.LOG

E:\bf\SYSAUX01.DBF

E:\bf\SYSTEM01.DBF

E:\bf\TEMP01.DBF

E:\bf\UNDOTBS01.DBF

E:\bf\USERS01.DBF

已复制   13 个文件。

SQL> $copy E:\bf\111.ctl E:\app\Administrator\oradata\orcl\CONTROL01.CTL;

已复制   1 个文件。

SQL> $copy E:\bf\111.ctl E:\app\Administrator\oradata\orcl\CONTROL02.CTL;

已复制   1 个文件。

SQL> $copy E:\bf\111.ctl E:\app\Administrator\oradata\orcl\CONTROL03.CTL;

已复制   1 个文件。

SQL> $del E:\app\Administrator\product\11.2.0\dbhome_1\database\PWDorcl.ora

SQL> $copy   e:\bf\PWDorcl.ora E:\app\Administrator\product\11.2.0\dbhome_1\database\PWDorcl.ora

已复制   1 个文件。

SQL> $del   E:\app\Administrator\flash_recovery_area\orcl\CONTROL02.CTL

SQL> $copy E:\bf\111.ctl SQL> $copy E:\bf\111.ctl E:\app\Administrator\oradata\orcl\CONTROL02.CTL;

已复制   1 个文件。

修改客户端初始化参数文件。

7.3.4 修改备库的参数文件

在备库上用 UltraEdit 或 plsqldev 修改初始化参数文件中的参数:修改从主库拷到备库的 PFile 文件(e:\bf\init.ora),添加以下各行参数。

*.log_archive_dest_2='SERVICE=primary'

*.LOG_ARCHIVE_DEST_STATE_1=ENABLE

*.LOG_ARCHIVE_DEST_STATE_2=ENABLE

*.FAL_SERVER=primary

*.FAL_CLIENT=standby

*.STANDBY_ARCHIVE_DEST='e:\archstand'

*.STANDBY_FILE_MANAGEMENT=AUTO

参数说明：

*.log_archive_dest_2='SERVICE=standby'   <指向第 2 个归档日志存放位置，至备机>

*.LOG_ARCHIVE_DEST_STATE_1=ENABLE

*.LOG_ARCHIVE_DEST_STATE_2=ENABLE

*.FAL_SERVER=primary   <作为备库时主库的网络名>

*.FAL_CLIENT=standby   <作为备库时备库的网络名>

*.STANDBY_FILE_MANAGEMENT=AUTO <如果 Primary 数据库数据文件发生修改（如新建、重命名等）则按照本参数的设置在 Standby 数据库中作相应修改。设为 AUTO 表示自动管理，设为 MANUAL 表示需要手工管理>

*.STANDBY_ARCHIVE_DEST='e:\archstandby'   <作为备库时归档日志存放位置>

修改后的 PFile 如下：

orcl.__db_cache_size=520093696

orcl.__java_pool_size=8388608

orcl.__large_pool_size=8388608

orcl.__oracle_base='E:\app\Administrator'#ORACLE_BASE set from environment

orcl.__pga_aggregate_target=520093696

orcl.__sga_target=771751936

orcl.__shared_io_pool_size=0

orcl.__shared_pool_size=226492416

orcl.__streams_pool_size=0

*.audit_file_dest='E:\app\Administrator\admin\orcl\adump'

*.audit_trail='db'

*.compatible='11.2.0.0.0'

*.control_files='E:\APP\ADMINISTRATOR\ORADATA\ORCL\CONTROL01.CTL','E:\APP\ADMINISTRATOR\FLASH_RECOVERY_AREA\ORCL\CONTROL02.CTL'#Restore Controlfile

*.db_block_size=8192

*.db_domain=''

*.db_name='orcl'

*.db_recovery_file_dest='E:\app\Administrator\flash_recovery_area'

*.db_recovery_file_dest_size=4039114752

*.diagnostic_dest='E:\app\Administrator'

*.dispatchers='(PROTOCOL=TCP) (SERVICE=orclXDB)'

*.log_archive_dest_1='location=e:\arch\'

*.log_archive_format='arch_%d_%t_%r_%s.log'

*.memory_target=1287651328

*.open_cursors=300

*.processes=150

*.remote_login_passwordfile='EXCLUSIVE'

*.undo_tablespace='UNDOTBS1'

*.log_archive_dest_2='SERVICE=primary'

*.LOG_ARCHIVE_DEST_STATE_1=ENABLE

*.LOG_ARCHIVE_DEST_STATE_2=ENABLE

*.FAL_SERVER=primary

*.FAL_CLIENT=standby

*.STANDBY_ARCHIVE_DEST='e:\archstand'

*.STANDBY_FILE_MANAGEMENT=AUTO

修改并保存后，以 SYSDBA 身份连接到 Standby 数据库，通过该 PFile 创建 SPFile：

SQL> conn / as sysdba;

已连接到空闲例程。

SQL> create spfile from pfile='E:\bf\init.ora';

文件已创建。

7.3.5 启动物理 Standby 数据库到 mount 状态

启动物理 Standby 数据库到 mount 状态。

```
SQL> startup nomount
Total System Global Area    778387456 bytes
Fixed Size                    1374808 bytes
Variable Size               251659688 bytes
Database Buffers            520093696 bytes
Redo Buffers
```

成功加载控制文件。如果在启动时报如下的错误，检查一下归档的目录是否存在，如果不存在，则在对应的驱动器中建立对应的目录就可。

ORA-32004: obsolete or deprecated parameter(s) specified for RDBMS instance

ORA-16032: parameter LOG_ARCHIVE_DEST_1 destination string cannot be translated

ORA-09291: sksachk: invalid device specified for archive destination

OSD-04018: ??????????????????????????

O/S-Error: (OS 3) ?????????????????????

会话 ID: 0 序列号: 0

如果参数中的目录设置错误，可以命令参数重新生成 PFile 进行修改，修改完成之后再生成为 SPFile。

SQL> create pfile='e:\init.ora' from spfile;
文件已创建。

SQL> create spfile from pfile='E:\init.ora';
文件已创建。

7.3.6 启动日志应用

在备库上执行以下命令：

alter database mount standby database;
alter database recover managed standby database disconnect from session;

以上语句执行的结果如下：

SQL> alter database mount standby database;
数据库已更改。
SQL> alter database recover managed standby database disconnect from session;
数据库已更改。

进入 mount 状态后，Standby 数据库就开始接收 Primary 数据库发送的归档 REDO 数据。alter database recover managed standby database disconnect from session 命令是启动 standby 数据库日志应用。disconnect from session 子句并非必需，该子句的作用是指定启动完应用后自动退出到命令操作符前。如果不指定该子句的话，当前 session 就会一直停留处理 REDO 应用，如果想做其他操作，就只能新建一个链接。

在进行上述操作后，Primary 数据库就会发送 REDO 数据库到物理 Standby 数据库了。Standby 数据库端的接收是自动进行的，不需要额外操作。

7.3.7 备库查询日志应用情况

在备库上执行如下语句：

```
SQL> archive log list;
数据库日志模式          存档模式
自动存档              启用
存档终点              e:\arch\
最早的联机日志序列       8
下一个存档日志序列      0
当前日志序列           13
```

此时查询到的日志情况应是除中间一项为 0 外，其他同主库一致。

SQL> select sequence#,applied from v$archived_log order by sequence#;

 SEQUENCE# APPLIED
---------- ---------
        10 YES

```
            11 YES
            12 YES
```
查询备机日志应用情况，若都为 YES 且日志数字比主库当前日志号小 1 即为正常，如果有错，请检查配置。

至此，容灾配置正常完成。

7.3.8　查询数据库的角色

分别在主库和备用库上执行以下语句，查询数据库角色。

```
select database_role from v$database;
```
在主库上执行：
```
SQL> select database_role from v$database;
DATABASE_ROLE
----------------
PRIMARY
```
在备库上执行：
```
SQL>   select database_role from v$database;
DATABASE_ROLE
----------------
PHYSICAL STANDBY
```

7.4　数据测试

7.4.1　在主库上建立测试数据

在 SYSTEM 用户下建一个表 t_table1，只有一个字段，字段名为 c_name，名段类型为 varchar2(20)。

在 t_table 表中插入一条记录，记录内容为：this is a test。

执行 commit 语句。

以管理员的身份连接数据库。

在主库上进行一次日志切换。

以上操作对应的命令如下：

```
SQL> conn system/Oracle123
已连接。
SQL> create table t_table1(c_name varchar2(20));
表已创建。
SQL> insert into t_table1(c_name) values('this is test');
已创建 1 行。
```

```
SQL> commit;
提交完成。
SQL> conn /as sysdba
已连接。
SQL> alter system switch logfile;
系统已更改。
```

7.4.2 在备库上查询测试数据

（1）以 DBA 的身份连接数据库。

```
SQL> conn / as sysdba
已连接。
```

（2）执行下列语句暂停 REDO 应用（也就是暂停备用库的恢复状态）。

```
SQL> alter database recover managed standby database cancel;
数据库已更改。
```

注意：此时只是暂时 REDO 应用，并不是停止物理 Standby 数据库，Standby 仍会保持接收，只不过不会再应用接收到的归档，直到再次启动 REDO 应用为止。

（3）将备用数据库改为只读模式。

```
SQL> alter database open read only;
数据库已更改。
```

（4）连接 SYSTEM 用户，查询 t_table1 的记录。

```
SQL> conn system/Oracle123
已连接。
SQL> select * from t_table1;
C_NAME
--------------------
this is test
```

如果结果不是 this is test，说明同步不正常。

（5）以 DBA 的身份连接数据库，并再次将备库切换至恢复状态。

```
SQL> conn / as sysdba
已连接。
SQL> alter database recover managed standby database disconnect from session;
数据库已更改。
```

如果要强制主库每 10 分钟归档一次，做如下设置：（任意时间都可以设置）

```
Alter system set archive_lag_target=600 scope=both;
```

7.5 角色转换

角色转换也有两种不同的操作类型：Switchover 和 Failover，前者是无损切换，不会丢失数据，而后者则有可能会丢失数据，并且切换后原 Primary 数据库也不再是该 Data Guard 配置的一部分了。

7.5.1 物理 Standby 执行 Switchover 切换

（1）将 Primary 数据库转换为 Standby 角色（在原 Primary 数据库上操作）。

步骤 1：在切换之前最好做一次归档。

```
SQL>alter system switch logfile;
系统已更改。
```

步骤 2：再将 Primary 数据库转换为 Standby 角色，可用下列语句：

```
SQL>alter database commit to switchover to standby with session shutdown;
数据库已更改。
```

语句执行完毕后，Primary 数据库会转换为 Standby 数据库，这时整个 Data Guard 配置中没有主库。

步骤 3：重新启动到 mount 状态（原 Primary 数据库操作）。首先 shutdown 原 Primary 数据库，然后启动到 mount 状态，并启动日志应用：

```
SQL> shutdown immediate
ORA-01507: 未装载数据库
ORACLE 例程已经关闭。
SQL> startup nomount
ORA-32004: obsolete or deprecated parameter(s) specified for RDBMS instance
ORACLE 例程已经启动。

Total System Global Area  1071333376 bytes
Fixed Size                   1375792 bytes
Variable Size              545259984 bytes
Database Buffers           520093696 bytes
Redo Buffers                 4603904 bytes
SQL> alter database mount standby database;

数据库已更改。

SQL> alter database recover managed standby database disconnect from session;

数据库已更改。
```

此时原 Primary 数据库就是以 Standby 身份在运行了。

alter database recover managed standby database disconnect from session 命令是启动 standby 数据库日志应用。

（2）将 Standby 数据库转换为 Primary 角色（在原 Standby 数据库上操作）。

步骤 1：通过下列语句将 Standby 数据库转为 Primary 数据库：

SQL> alter database commit to switchover to primary with session shutdown;
数据库已更改。

步骤 2：重启数据库。

SQL> shutdown immediate;
ORA-01109: 数据库未打开

已经卸载数据库。
ORACLE 例程已经关闭。
SQL> startup
ORACLE 例程已经启动。

Total System Global Area   778387456 bytes
Fixed Size   1374808 bytes
Variable Size   251659688 bytes
Database Buffers   520093696 bytes
Redo Buffers   5259264 bytes
数据库装载完毕。
数据库已经打开。

7.5.2 物理 Standby 的 Failover

物理 Standby 的 Failover 切换会把当前的一个物理 Standby 切换为 Primary 数据库。

Failover 切换一般是 Primary 数据库发生故障后的切换，这种情况是 Standby 数据库发挥其作用的情况。这种切换发生后，可能会造成数据的丢失。而且这个过程不是可逆的，Data Guard 环境会被破坏。

由于 Primary 数据库已经无法启动，所以 Failover 切换所需的条件并不多，只要检查 Standby 是否运行在最大保护模式下，如果是的话，需要将其置为最大性能模式，否则切换到 Primary 角色也无法启动。

在执行 Failover 之前，尽可能将原 Primary 数据库的可用 REDO 文件（含联机重做日志文件和归档日志文件）都复制到 Standby 数据库。

如果待转换角色的 Standby 处于最大保护（Maximize Protection）模式，需要首先将其切换为最大性能（Maximize Performance）模式，因为最大保护（Maximize Protection）模式需要确保绝无数据丢失，因此其对于提交事务对应的 REDO 数据一致性要求非常高，另外，如果处于最大保护（Maximize Protection）模式的 Primary 数据库仍然与 Standby 数据库有数据传输，此时用 Alter Database 语句更改 Standby 数据库保护模式会失败，这也是由最大保护（Maximize Protection）模式特性决定的。转换 Standby 数据库到最大性能（Maximize Performance）模式执行下列 SQL 即可：

SQL> alter database set standby database to maximize performance;
在 Standby 数据库转换为新的 Primary 之后，可以再随意更改数据库的保护模式。

如果待转换角色的 Standby 处于最大保护（Maximize Protection）模式或最大可用性（Maximize Availability）模式的话，归档日志应该是连续存在的，这种情况下可以直接从第 3 步执行，否则建议按照操作步骤从第 1 步开始执行。

注意：本环境接前面小节中执行过的操作，此时之前的 primary 服务器已经是 Standby 服务器了，通过下列操作，再将其转换成 Primary 数据库。

1. 检查归档文件是否连续

查询待转换 Standby 数据库的 v$archive_gap 视图，确认归档文件是否连接：

SQL> select thread#,low_sequence#,high_sequence# from v$archive_gap;
no rows selected

如果有返回的记录，按照列出的记录号复制对应的归档文件到待转换的 Standby 服务器。这一步非常重要，必须确保所有已生成的归档文件均已存在于 Standby 服务器，不然可能会因数据不一致造成转换时报错。

文件复制过来后，通过下列命令将其加入数据字典：

SQL>alter database register physical logfile 'filespec1';

2. 检查归档文件是否完整

分别在 Primary 和 Standby 数据库执行下列语句：

SQL>select distinct thread#,max(sequence#)
over(partition by thread#) a from v$archived_log;

用该语句取得当前数据库各线程已归档文件最大序号，如果 Primary 与 Standby 最大序号不相同，必须将多出的序号对应的归档文件复制到待转换的 Standby 服务器。不过既然是 Failover，有可能 Primary 数据库此时已经无法打开，甚至无法访问。

3. 启动 Failover

执行下列语句：

SQL> alter database recover managed standby database finish force;
数据库已更改。

Force 关键字将会停止当前活动的 RFS 进程，以便立刻执行 Failover。

剩下的步骤就与前面 Switchover 很相似了。

4. 切换物理 Standby 角色为 Primary

执行下列语句：

SQL>alter database commit to switchover to primary;
数据库已更改。

5. 启动新的 Primary 数据库

如果当前数据库已 mount，直接 open 即可，如果处于 read only 模式，需要首先 shutdown immediate，然后再执行 startup。这里直接用 alter database open 命令打开数据库：

SQL> alter database open;
数据库已更改。

6. 验证

```
SQL> select database_role from v$database;
DATABASE_ROLE
----------------
PRIMARY
```

角色转换工作完成后,剩下的是运行补救措施(针对原 Primary 数据库),由于此时 Primary 数据库已经不再是 Data Guard 配置的一部分,我们需要做的就是尝试看看能否恢复原 Primary 数据库,将其改造为 Standby 服务器。具体操作方式可以分为两类:①重建;②备份恢复。所涉及的技术前面章节中均有介绍,此处不再赘述。

8 数据库闪回技术

知识提要：

掌握数据库的闪回技术。

教学目标：

- 查询数据库过去某一时刻的状态。
- 查询反映过去某一段时间内数据变化情况的元数据。
- 将表中数据或删除的表恢复到过去某一时刻的状态。
- 自动跟踪、存档数据变化信息。
- 回滚事务及其依赖事务的操作。

在 Oracle 10g 之前的数据库系统中，当发生数据丢失、用户误操作等问题时，解决问题的方法是利用预先做好的数据库逻辑备份互物理备份进行恢复，而且恢复的程度取决于备份与恢复的策略。传统的数据恢复方法，不但操作复杂、繁琐，而且对于一些用户偶然的误操作所导致的逻辑错误来说显得有些大材小用。为此，Oracle 数据库中引入了闪回技术。

利用 Oracle 数据库的闪回特性，能够完成下列工作：

闪回技术是数据库恢复技术的一次重大进步，从根本上改变了数据逻辑错误的恢复机制。采用闪回技术，避免了对数据库进行修复、操作的过程，可以直接通过 SQL 语句实现数据的恢复，大大提高了数据库恢复的效率。

8.1 数据库闪回的相关知识

在 Oracle 11g 数据库中，闪回技术具体包括下列 7 个特性。

（1）查询闪回：利用撤销表空间中的回退信息，查询过去某个时刻或某个 SCN 值时表中数据的快照。

（2）闪回版本查询：利用撤销表空间中的回退信息，查询过去某个时间段或某个 SCN 段内特定表中数据的变化情况。

（3）闪回事务查询：利用撤销表空间中的回退信息，查看某个事务或所有事务在过去一段时间对数据进行的修改操作。

（4）表闪回：利用撤销表空间中的回退信息，将表中的数据恢复到过去的某个时刻或某个 SCN 值时的状态。表闪回与查询闪回不同，查询闪回只是返回过去某个时刻或某个 SCN 值时表中数据的快照，并不修改表的当前状态，而表闪回是将表恢复到之前的某个状态。

（5）删除闪回：利用 Oracle 11g 数据库中的"回收站"功能，将已经删除的表以及关联对象恢复到删除前的状态。

（6）闪回数据库：利用存储在快速恢复区的闪回日志信息，将数据恢复到过去某个时刻或某个 SCN 值时的状态。

（7）归档闪回：利用保存在一个或多个表空间的数据变化信息，查询过去某个时刻或某个 SCN 值时表中数据的快照。归档闪回与查询闪回功能相似，但实现机制不同。

由此可见，使用查询闪回、闪回版本查询、闪回事务查询以及表闪回等特性，需要配置数据库的撤销表空间；使用删除闪回特性，需要配置 Oracle 数据库的"回收站"；使用闪回数据库特性，需要配置快速恢复区；使用归档闪回特性，需要配置一个或多个归档闪回区。

注：SCN 即 System Change Number，顺序递增的一个数字，在 Oracle 中用来标识数据库的每一次改动及其先后顺序。SCN 的最大值是 0xffff.ffffffff。

Oracle 数据库中共有 4 种 SCN，分别为：

（1）系统检查点 SCN：系统检查点 SCN 位于控制文件中，当检查点进程启动时（ckpt），Oracle 就把系统检查点的 SCN 存储到控制文件中。该 SCN 是全局范围的，当发生文件级别的 SCN 时，例如将表空间置于只读状态，则不会更新系统检查点 SCN。

查询系统检查点 SCN 的命令如下：

SQL> select CHECKPOINT_CHANGE# from v$database;

（2）数据文件 SCN：当 ckpt 进程启动时，包括全局范围的（比如日志切换）以及文件级别的检查点（将表空间置为只读、begin backup 或将某个数据文件设置为 offline 等），这时会在控制文件中记录的 SCN。

查询数据文件 SCN 的命令如下：

SQL> alter tablespace users read only;

SQL> select file#,checkpoint_change# from v$datafile;

可以看到 4 号文件也就是 users 表空间所属的文件 SCN 值和其他文件不一致，且比系统检查点的 SCN 要大。

（3）结束 SCN：每个数据文件都有一个结束 SCN，在数据库的正常运行中，只要数据文件在线且是可读写的，结束 SCN 为 null；否则存在具体的 SCN 值。结束 SCN 也记录在控制文件中。

SQL> select TABLESPACE_NAME,STATUS from dba_tablespaces;

TABLESPACE_NAME	STATUS
SYSTEM	ONLINE
SYSAUX	ONLINE
UNDOTBS1	ONLINE
TEMP	ONLINE
USERS	READ ONLY

SQL> select file#,LAST_CHANGE# from v$datafile;

FILE#	LAST_CHANGE#
1	
2	
3	
4	1313969

可以看到，除了 users 表空间的结束 SCN 不为空，其他数据文件的结束 SCN 为空。

将数据库置于 mount 状态，由于该状态下所有的数据文件都不可写，故 mount 状态下所有的数据文件都具有结束 SCN。

SQL> shutdown immediate;

SQL> startup mount;

SQL> select file#,last_change# from v$datafile;

FILE#	LAST_CHANGE#
1	1315186
2	1315186
3	1315186
4	1313969

（4）数据文件头 SCN：不同于上述的 SCN，数据文件开始 SCN 记录在每个数据文件中。当发生系统及文件级别的检查点后，不仅将这时的 SCN 号记录在控制文件中，同样也记录在数据文件中。

查询数据文件头 SCN 的命令如下：

```
SQL> select file#,CHECKPOINT_CHANGE# from v$datafile_header;
FILE# CHECKPOINT_CHANGE#
---------- ------------------
1              1315186
2              1315186
3              1315186
4              1313969
```
SCN 的机制

数据库运行时的 SCN

我们先看下 Oracle 事务中的数据变化是如何写入数据文件的：

（1）事务开始；

（2）在 Buffer Cache 中找到需要的数据块，如果没有找到，则从数据文件中载入 Buffer Cache 中；

（3）事务修改 Buffer Cache 的数据块，该数据被标识为"脏数据"，并被写入 Log Buffer 中；

（4）事务提交，lgwr 进程将 Log Buffer 中的"脏数据"写入 redo log file 中；

（5）当发生 checkpoint，ckpt 进程更新所有数据文件的文件头中的信息，dbwr 进程则负责将 Buffer Cache 中的"脏数据"写入到数据文件中。

8.2 查询闪回

查询闪回主要是利用数据库撤销表空间中存放的回退信息，根据指定的过去一个时刻或 SCN 值，返回当时已经提交的数据快照。

利用查询闪回可以实现下列功能：

- 返回当前已经丢失或被误操作的数据在操作之前的快照。
- 可以进行当前数据与之前特定时刻的数据快照的比较。
- 检查过去某一时刻事务操作的结果。
- 简化应用设计，不需要存储一些不断变化的临时数据。

8.2.1 撤销表空间相关参数配置

查询闪回是基于数据库的回退信息实现的，因此为了使用查询闪回功能，需要启用数据库撤销表空间来管理回退信息。

Undo_management：指定数据库中回退信息的管理方式。

Undo_tablespace：指定用于数据库回退信息自动管理的撤销表空间的名称。

Undo_retention：指定回退信息最短保留时间，在该时间段内回退信息不被覆盖。

查看数据库与撤销表空间相关的参数设置情况。

```
SQL> show parameter undo
NAME                                 TYPE         VALUE
```

```
------------------------------------ ---------- -----------------------------
undo_management                      string     AUTO
undo_retention                       integer    900
undo_tablespace                      string     UNDOTBS1
```

Oracle 建议 undo_retention 设置为 86400 秒，即 24 小时。这样利用查询闪回可以查询过去 24 小时的数据快照。可以使用 alter system 命令修改 undo_retention 参数。例如：

SQL>alter system set undo_retention=86400;

8.2.2 基于时间的查询闪回

查询闪回是通过在 select 语句中使用 as of 子句实现。

select column_name[,…] from table_name as of scn|timestamp expression[where condition]

执行查询闪回操作时，需要使用两个时间函数：timestamp 和 to_timestamp。其中，函数 to_timestamp 的语法格式为：

to_timestamp('timepoint', 'format')

其中，timepoint 表示某时间点，format 指定需要把 timepoint 格式化成何种格式。

步骤 1：建立测试数据，并查询表中记录。

SQL> create table flash_table(c_id,c_name) as select rownum,object_name from all_objects where rownum<10;
表已创建。
SQL> select * from flash_table;
C_ID C_NAME
---------- ------------------------------
5 C_COBJ#
6 I_OBJ#
7 PROXY_ROLE_DATA$
8 I_IND1
9 I_CDEF2
1 ICOL$
2 I_USER1
3 CON$
4 UNDO$

已选择 9 行。

步骤 2：首先使用 set 语句在"SQL>"标识符前显示当前时间。

SQL> set time on

步骤 3：删除表 flash_table 中 c_id 小于 5 的记录并提交。

16:31:30 SQL> delete flash_table where c_id<5;
已删除 4 行。
16:32:12 SQL> commit;
提交完成。

这个时候 flash_table 表中 c_id<5 的记录均已被删除，假设过了一会儿用户发现删除操作

执行有误，仍需找回那些被误删的记录该怎么办呢？通过备份恢复吗？如果是在 8i 或之前版本，恐怕是需要这样，自 9i 之后，使用 Flashback Query 的特性，可以很轻松地恢复记录。

步骤 4：进行查询回闪。

```
16:35:04 SQL> select * from flash_table as of timestamp
16:35:30     2     to_timestamp('2015-6-3 16:31:30','yyyy-mm-dd hh24:mi:ss');
C_ID C_NAME
---------- ------------------------------
     1 ICOL$
     2 I_USER1
     3 CON$
     4 UNDO$
     5 C_COBJ#
     6 I_OBJ#
     7 PROXY_ROLE_DATA$
     8 I_IND1
     9 I_CDEF2
```

大家注意一下 2015-6-3 16:31:30 这个时间，这个时间应该时删除之前的时间。

步骤 5：将闪回中的数据重新插入 flash_table 表中，并提交。

```
16:37:09 SQL> insert into flash_table select * from flash_table as of timestamp
16:37:31     2     to_timestamp('2015-6-3 16:31:30','yyyy-mm-dd hh24:mi:ss')
where c_id<5;
已创建 4 行。
16:37:31 SQL> commit;
提交完成。
```

8.2.3 基于 SCN 的查询闪回

如果需要对多个相互有外键约束的主从表进行恢复，使用 as of timestamp 方式，可能会由于时间点的不统一而造成数据恢复失败，而使用 as of scn 方式能够确保约束的一致性。

下面是一个基于 SCN 的查询闪回示例。

步骤 1：获取当前的 SCN。

```
16:40:18 SQL> select current_scn from v$database;
CURRENT_SCN
-----------
    1398943
```

步骤 2：删除操作并提交。

```
16:59:55 SQL> delete flash_table;
已删除 9 行。
17:00:21 SQL> commit;
提交完成。
```

步骤 3：执行 select 语句并附加 as of scn 子句，同时指定删除前的 SCN，就可以查询到指定 SCN 时对象中的记录。

```
17:00:26 SQL> select * from flash_table as of scn 1398943;
C_ID C_NAME
---------- ------------------------------
5 C_COBJ#
6 I_OBJ#
7 PROXY_ROLE_DATA$
8 I_IND1
9 I_CDEF2
1 ICOL$
2 I_USER1
3 CON$
4 UNDO$
已选择 9 行。
```

步骤 4：执行 insert，将删除的数据重新恢复回表 flash_table。

```
17:01:10 SQL> insert into flash_table select * from flash_table as of scn 1398943;
已创建 9 行。
17:01:53 SQL> commit;
提交完成。
```

事实上，Oracle 在内部使用的都是 SCN，即使指定的是 as of timestamp：Oracle 也会将其转成 SCN。系统时间与 SCN 之间的对应关系可以通过查询 sys 模式下的 smon_scn_time 表获得。例如：

```
select scn,to_char(time_dp,'yyyy-mm-dd hh24:mi:ss')time_dp from sys.smon_scn_time order by scn;
SCN TIME_DP
---------- -------------------
1394532 2015-06-03 08:23:27
1395137 2015-06-03 08:28:26
1395561 2015-06-03 08:33:36
1396874 2015-06-03 08:38:28
1397195 2015-06-03 08:43:37
1397575 2015-06-03 08:48:28
1398136 2015-06-03 08:53:37
```

在 Oracle 数据库中也可以手动进行时间和 SCN 的相互转换，Oracle 提供了两个函数 scn_to_timestamp 和 timestamp_to_scn 进行转换，例如：

```
JSSPRE> SELECT TIMESTAMP_TO_SCN(SYSDATE) FROM DUAL;
TIMESTAMP_TO_SCN(SYSDATE)
-------------------------
                  1263291
```

```
JSSPRE> SELECT TO_CHAR(SCN_TO_TIMESTAMP(1263291),
'YYYY-MM-DD') FROM DUAL;
TO_CHAR(SC
----------
2009-06-02
```

提示：上面的示例中 timestamp 类型经过 to_char 格式化，只显示了日期，但并不是只能精确到日期，Oracle 中的 timestamp 日期类型最大能够精确到纳秒（不过一般操作系统返回的精度只到毫秒，因此即使格式化显示出纳秒的精度也没意义，毫秒后就全是零了）。

8.3 闪回版本查询

闪回版本查询提供了审计行数据变化的功能，它能找到所有已经提交了的行的记录。可以跟踪一条记录在一段时间内的变化情况，即一条记录的多次提交版本信息。在闪回版本查询中，我们可以看到什么时间执行了什么操作。使用该功能，可以很轻松地实现对应用系统进行审计。

闪回版本查询的基本语法为：

select column_name[,…] from table_name versions between scn|timestamp minvalue|expression and maxvalue|expression [as of scn|timestamp expression] where condition

参数说明：versions between 用于指定闪回版本查询所要查询的时间段或 SCN 值，as of 用于指定查询闪回时的目标时刻或目标 SCN 值，在闪回版本查询的目标列中，可以使用伪列返回行的版本信息。Version Query 中提供了多个伪列，如表 11-1 所示。

表 11-1　Flashback Query 中 Version Query 的伪列说明

VERSIONS_STARTSCN VERSIONS_STARTTIME	该条记录操作时的 SCN 或时间，如果为空，表示该行记录是在查询范围外创建的
VERSIONS_ENDSCN VERSIONS_ENDTIME	该条记录失效时的 SCN 或时间，如果为空，说明记录当前时间在当前表内不存在，或者已经被删除了，可以配合着 VERSIONS_OPERATION 列来看，如果 VERSIONS_OPERATION 列值为 D，说明该列已被删除，如果该列为空，则说明记录在这段时间无操作
VERSIONS_XID	该操作的事务 ID
VERSIONS_OPERATION	对该行执行的操作：I 表示 INSERT，D 表示 DELETE，U 表示 UPDATE 提示：对于索引键的 UPDATE 操作，版本查询可能会将其识别成两个操作：DELETE 和 INSERT

提示：什么是伪列？

我们都知道在创建表时必须指定列名、列类型等信息，这些显式指定的列就是标准的列，在查询时这些列能够被 select 语句显示出来。除此之外，还有一种列类型，这些列并不存在于表定义中，如你通过 desc tblname 查看时看不到这些列的定义，但通过 select 语句却可以查询这些列的内容，这种列就是 Oracle 提供的伪列。

伪列也并不是在任何查询时都适用，有些列只有特殊的查询语句中才能够显示，如上述表格中提供的 6 列就仅在使用 Versions Query 时才能够调用。除此之外还有一些比较常用的 rownum、level 等。

步骤 1：建立测试数据。

```
SQL> set time on
15:04:17 SQL> delete flash_table where c_id=10;
已删除 1 行。
15:04:37 SQL> commit;
提交完成。
15:04:39 SQL> insert into flash_table(c_id,c_name) values(10,'test');
已创建 1 行。
15:04:50 SQL> commit;
提交完成。
15:04:51 SQL> update flash_table set c_name='test1' where c_id=10;
已更新 1 行。
15:04:56 SQL> commit;
提交完成。
15:04:58 SQL> delete flash_table where c_id=10;
已删除 1 行。
15:05:04 SQL> commit;
```

步骤 2：基于 versions between timestamp 的闪回版本查询。

查询的语句为：

```
select Versions_operation as op,versions_xid ,Versions_starttime,
Versions_endtime,Versions_startscn as startscn,Versions_endscn as endscn,c_id,c_name
from flash_table
versions between timestamp
to_timestamp('2015-06-06 15:04:39','yyyy-mm-dd hh24:mi:ss')
and   to_timestamp('2015-06-06 15:06:39','yyyy-mm-dd hh24:mi:ss')
where c_id=10 order by startscn
```

查询出来的结果为：

OP	VERSIONS_XID	VERSIONS_STARTTIME	VERSIONS_ENDTIME	STARTSCN	ENDSCN	C_ID	C_NAME
D	02001E0077030000	06-6月 -15 03.04.36 下午	...	1475802		10	test1
I	0A001F00CC020000	06-6月 -15 03.04.49 下午	06-6月 -15 03.04.55 下午	1475815	1475829	10	test
U	06000300B2030000	06-6月 -15 03.04.55 下午	06-6月 -15 03.05.08 下午	1475829	1475843	10	test1
D	01001100D3020000	06-6月 -15 03.05.08 下午		1475843		10	test1
		...	...			9	I_CDEF2
		...	...			2	I_USER1
		...	...			3	CON$
		...	...			4	UNDO$
		...	...			8	I_IND1
			06-6月 -15 03.04.36 下午		1475802	10	test1
		...	...			6	I_OBJ#
		...	...			5	C_COBJ#
		...	...			7	PROXY_ROLE_DATA$

步骤 3：基于 versions between scn 的闪回版本查询。
查询的语句为：

select Versions_operation as op,versions_xid ,Versions_starttime,
Versions_endtime,Versions_startscn as startscn,Versions_endscn as endscn,c_id,c_name
from flash_table
versions between scn
minvalue and maxvalue
where c_id=10 order by startscn

查询出来的结果为：

	OP	VERSIONS_XID	VERSIONS_STARTTIME	VERSIONS_ENDTIME	STARTSCN	ENDSCN	C_ID	C_NAME
1	I	080020009C030000	06-6月 -15 03.02.41 下午	06-6月 -15 03.03.17 下午	1475676	1475712	10	test
2	U	0A001300CD020000	06-6月 -15 03.03.17 下午	06-6月 -15 03.04.36 下午	1475712	1475802	10	test1
3	D	02001E0077030000	06-6月 -15 03.04.36 下午		1475802		10	test1
4	I	0A001F00CC020000	06-6月 -15 03.04.49 下午	06-6月 -15 03.04.55 下午	1475815	1475829	10	test
5	U	06000300B2030000	06-6月 -15 03.04.55 下午	06-6月 -15 03.05.08 下午	1475829	1475843	10	test1
6	D	01001100D3020000	06-6月 -15 03.05.08 下午		1475843		10	test1

8.4 闪回事务查询

闪回事务查询是一种诊断工具，用于帮助识别数据库发生的事务级变化，可以用于事务审计的数据分析。通过闪回事务分析，可以识别在一个特定的时间段内所发生的所有变化，也可以对数据库表进行事务级恢复。闪回事务查询的基础仍然是依赖于撤销数据（Undodata），它也是利用初始化的数据库参数 undo_retention 来确定已经提交的撤销数据在数据库中的保存时间。我们在前面介绍的 Flashback Version Query 可以实现审计一段时间内表的所有改变，但是这仅仅是发现在某个时间段内所进行过的操作，对于错误的事务还不能进行撤销处理。而 Flashback Transaction Query 可实现撤销处理，因为可以从 flashback_transaction_query 中获得事务的历史操作并撤销语句（undo_sql）。也就是说，我们可以审计一个事务到底做了什么，也可以撤销一个已经提交的事务。闪回事务查询依赖于 flashback_transaction_query。注意，这个表中也记录了没有提交的事务，如果 commit_scn 为空，证明该事务还没有提交。

在 Oracle 11g 数据库中，为了记录事务操作的详细信息，需要启动数据库的日志追加功能，将来可以通过闪回事务查询了解事务的详细操作信息，包括操作类型。可以执行下列语句来启动数据库的日志追加功能：

步骤 1：启动数据库的日志追加功能。

15:09:14 SQL> alter database add supplemental log data;
数据库已更改。

如果要禁用数据库的日志追加功能，则可以执行下列语句：

SQL>alter database drop supplemental log data

闪回事务查询时要查询静态数据字典视图 flashback_transaction_query，该视图结构为：

DESC FLASHBACK_TRANSACTION_QUERY;

```
Name                     Null?         Type
--------------------     --------      --------------
XID                                    RAW(8)           --事务 ID,
对应 Versions Query 中的 VERSIONS_XID
START_SCN                NUMBER
--事务开始时的 SCN
START_TIMESTAMP          DATE
--事务开始时间
COMMIT_SCN               NUMBER
--事务提交时的 SCN，该列为空的话，说明事务为活动事务
COMMIT_TIMESTAMP         DATE
--事务提交时间
LOGON_USER               VARCHAR2(30)
--操作用户
UNDO_CHANGE#             NUMBER        --UNDO SCN
OPERATION                VARCHAR2(32)
--执行的操作，有几个值：Delete、Insert、
Update、B、UNKNOWN
TABLE_NAME               VARCHAR2(256) --DML 操作对象的表名
TABLE_OWNER              VARCHAR2(32)  --表的属主
ROW_ID                   VARCHAR2(19)  --DML 操作记录的行地址
UNDO_SQL                 VARCHAR2(4000) --撤销该操作对应的 SQL
```

15:42:46 SQL> desc flashback_transaction_query

```
名称                     是否为空？    类型
--------------------     --------      --------------
XID                                    RAW(8)           --事务 ID,
对应 Versions Query 中的 VERSIONS_XID
START_SCN                NUMBER
--事务开始时的 SCN
START_TIMESTAMP          DATE
--事务开始时间
COMMIT_SCN               NUMBER
--事务提交时的 SCN，该列为空的话，说明事务为
活动事务
COMMIT_TIMESTAMP         DATE
--事务提交时间
LOGON_USER               VARCHAR2(30)
--操作用户
UNDO_CHANGE#             NUMBER        --UNDO SCN
OPERATION                VARCHAR2(32)
--执行的操作，有几个值：Delete、Insert、
Update、B、UNKNOWN
```

TABLE_NAME	VARCHAR2(256)	--DML 操作对象的表名
TABLE_OWNER	VARCHAR2(32)	--表的属主
ROW_ID	VARCHAR2(19)	--DML 操作记录的行地址
UNDO_SQL	VARCHAR2(4000)	--撤销该操作对应的 SQL

步骤 2：建立测试数据。

15:59:27 SQL> insert into flash_table(c_id,c_name) values(10,'test');
已创建 1 行。
16:00:07 SQL> commit;
15:59:27 SQL> insert into flash_table(c_id,c_name) values(11,'test11');
已创建 1 行。
16:00:07 SQL> commit;
提交完成。
16:00:08 SQL> update flash_table set c_name='test12' where c_id = 11;
已更新 1 行。
16:16:12 SQL> update flash_table set c_name='test12' where c_id = 11;
已更新 1 行。
16:17:13 SQL> commit;
提交完成。
16:17:17 SQL> delete flash_table where c_id = 11;
已删除 1 行。
16:17:33 SQL> commit;
提交完成。

步骤 3：从 flashback_transaction_query 中查看撤销表空间中存储的事务信息查询的语句如下：

select xid,start_scn,undo_sql from flashback_transaction_query where table_name='FLASH_TABLE' and table_owner = 'SYSTEM' order by commit_timestamp

注意：表名和用方案名必须是大写，此例中 FLASH_TABLE 和 SYSTEM 均为大写。

	XID	START_SCN	OPERATION	UNDO_SQL	
1	04000200D7020000	1485463	INSERT	... delete from "SYSTEM"."FLASH_TABLE" where ROWID = 'AAAR9EAABAAAVEpAAF';	...
2	01000A00D7020000	1491621	INSERT	... delete from "SYSTEM"."FLASH_TABLE" where ROWID = 'AAAR9EAABAAAVEpAAG';	...
3	08001500A3030000	1493788	UPDATE	... update "SYSTEM"."FLASH_TABLE" set "C_NAME" = 'test11' where ROWID = 'AAAR9EAAB...	...
4	08001500A3030000	1493788	UPDATE	... update "SYSTEM"."FLASH_TABLE" set "C_NAME" = 'test12' where ROWID = 'AAAR9EAAB...	...
5	020021007D030000	1493895	DELETE	... insert into "SYSTEM"."FLASH_TABLE"("C_ID","C_NAME") values ('11','test12');	...

可以从 flashback_transaction_query 中查看撤销表空间中存储的事务信息。

步骤 4：如果要撤销删除的误操作，就可以执行相应的 undo_sql 语句。

例如要撤销最后一次删除的数据记录，执行以下语句就可：

insert into "SYSTEM"."FLASH_TABLE"("C_ID","C_NAME") values ('11','test12');

闪回事务查询可以将同一事务的所有撤销 SQL 列出，这是查询闪回做不到的，如有必要，管理员还能够执行对应一个事务的部分撤销 SQL 以一种破坏事务原子性的方式恢复一部分数据，如此行事正确与否完全取决于应用的逻辑。

因为 ddl 命令的撤销 SQL 包括对数据字典表的 DML 操作，并且人为地直接修改数据字典表是非常危险的,况且某些 DDL 操作不仅仅是对数据字典的 DML 操作,它们还涉及撤销 SQL 无法影响到的领域,所以不要指望通过直接执行撤销 SQL 恢复错误的 DDL 命令造成的影响。

8.5　表闪回

表闪回(Flashback Table)与查询闪回(Flashback Query)的原理大致相同,也是利用 undo 信息来恢复表对象到以前的某一个时间点(一个快照),因此也要确保有足够的 Retention 值。但表闪回不等于查询闪回,其区别如下:

(1) 查询闪回只是查询以前的一个快照而已,并不改变当前表的状态。

(2) 表闪回则是将恢复当前表及附属对象一起回到以前的时间点。

(3) 表闪回是将表恢复到过去的某个时刻的状态,为 DBA 提供了一种在线、快速、便捷地恢复对表的误操作的方法,如修改、删除、插入等误操作。利用表闪回技术恢复表中数据,实际上是对表进行 DML 操作的过程。Oracle 自动维护与表相关的索引、触发器、约束等,不需要 DBA 参与。

利用表闪回可以恢复表,取消对表所进行的修改。表闪回要求用户具有以下权限。

(1) flashback any table 权限或者是该表的 Flashback 对象权限。

(2) 有该表的 select、insert、delete 和 alter 权限。

(3) 必须保证该表 row movement。

Oracle 11g 的表闪回与查询闪回功能类似,也是利用恢复信息(Undo Information)对以前的一个时间点上的数据进行恢复。表闪回有如下特性:

(1) 在线操作。

(2) 恢复到指定时间点或者 SCN 的任何数据。

(3) 自动恢复相关属性,如索引、触发器等。

(4) 满足分布式的一致性。

(5) 满足数据一致性,所有相关对象的一致性。

表闪回的语法格式如下:

FLASHBACK TABLE [schema.]table_name
TO {[BEFORE DROP [RENAME TO table]] | [SCN | TIMESTAMP] expr [ENABLE | DISABLE] TRIGGERS}

说明:

(1) schema:方案名称。

(2) BEFORE DROP:表示恢复到删除之前。

(3) RENAME TO table:表示恢复时更换表名。

(4) SCN:SCN 是系统改变号,可以从 flashback_transaction_query 数据字典中查到。

(5) TIMESTAMP:表示系统时间戳,包含年、月、日以及时、分、秒。

（6）ENABLE TRIGGERS：表示触发器恢复之后的状态为 enable。默认为 disable 状态。

步骤 1：执行 set time on。

```
SQL> set time on
16:59:02 SQL>
```

步骤 2：删除 flash_table 所有记录并提交。

```
16:59:02 SQL> select * from flash_table;
C_ID C_NAME
---------- ------------------------------
5 C_COBJ#
6 I_OBJ#
7 PROXY_ROLE_DATA$
8 I_IND1
10 test
9 I_CDEF2
2 I_USER1
3 CON$
4 UNDO$
已选择 9 行。
16:59:22 SQL>
17:00:04 SQL> delete flash_table;
已删除 9 行。
17:00:13 SQL> commit;
提交完成。
```

步骤 3：使用表闪回进行恢复。

```
17:00:15 SQL> alter table flash_table enable row movement;
表已更改。
17:00:43 SQL> FLASHBACK TABLE flash_table TO TIMESTAMP
17:02:19    2    TO_TIMESTAMP('2015-6-6 17:00:00','YYYY-MM-DD HH24:MI:SS');
闪回完成。
```

上面例子分别演示了基于时间对表 flash_table 进行闪回操作的过程，还可以使用 SCN，但在实际的操作中，时间比较容易掌握，而误操作时 SCN 不容易获得。Oracle 也可以使用 timestamp_to_scn 函数实现将时间戳转换为 SCN。

例如：

```
17:12:04 SQL> select timestamp_to_scn(TO_TIMESTAMP('2015-6-6 17:00:00','YYYY-MM-
DD HH24:MI:SS')) from dual;
TIMESTAMP_TO_SCN(TO_TIMESTAMP('2015-6-617:00:00','YYYY-MM-DDHH24:MI:SS'))
------------------------------------------------------------------------
1497261
select timestamp_to_scn()
```

如果要改为基于 SCN 的表的闪回，则可以用如下语句：

```
SQL> flashback table flash_table to scn 1497261;
```

表闪回的主要特点如下：表闪回在真正的高可用环境中，使用意义不大，受限比较多，要必须确保行迁移功能。表闪回过程中，阻止写操作；表中数据能恢复，而表中索引却不能正常恢复；恢复的触发器本身还是修改后的，并不随表 flashback 到修改以前的时间点，说明关键字 enable triggers 只能保证触发器的状态正常，而不是内容回滚；由于原理利用其 undo 信息来恢复其对象，因此也是不能恢复 truncate 数据。恢复数据用查询闪回实现比较好。

8.6　删除闪回

使用删除闪回可以恢复用 drop table 语句删除的表，是一种对意外删除的表的恢复机制。与其他恢复方法相比，删除闪回简单、快速，没有任何事物的丢失。删除闪回主要是通过 Oracle 数据库的"回收站"（Recycle Bin）技术实现的，在 Windows 环境中删除一些文件的话，并非直接删除，而是直接将文件移至"回收站"文件夹下。从 Oracle 10g 数据库开始，Oracle 也是一样，当你删除一个表的时候，Oracle 数据库并不是立刻执行真正的删除操作，而是将其重命名，连同其相关联的一些对象，如表的索引、约束等通通放入一个称为"回收站"的逻辑容器中保存，直到用户决定永久删除他们或存储该表的表空间的存储空间不足时，表才会真正被删除，空间被回收。在 Oracle 11g 中利用"回收站"中的信息，可以很容易地恢复被意外删除的表及其关联对象，即删除闪回。

8.6.1　启用"回收站"

要使用数据库的删除闪回特性，必须首先启用数据库的"回收站"，即将参数 RECYCLEBIN 设置为 on。在 Oracle 11g 中，默认情况下"回收站"处于启用状态。

```
SQL> show parameter recyclebin;
NAME                                 TYPE         VALUE
------------------------------------ ----------- ------------------------------
recyclebin                           string       on
SQL>
```

如果 RECYCLEBIN 值为 off，可以执行 alter system 语句进行设置。

```
SQL>ALTER SYSTEM SET RECYCLEBIN=ON;
```

数据字典 USER_TABLES 中的 dropped 列表示表是否被删除。可以使用 select 语句来进行查询。

8.6.2　查看回收站信息

每一个用户都会有一个自己的 Recycle Bin，就像 Windows 中每个盘符下都会有一个 recycle 目录一样。查看 Recycle Bin 中对象的方法有很多。

可以通过查询 USER_RECYCLEBIN 获取被删除的表及其关联对象的信息，也可以通过查询 Recycle Bin 来获取，回收站的字段信息可以通过如下命令来获取。

SHOW RECYCLEBIN;

不过需要注意，SHOW RECYCLEBIN 命令只列出基表，这些被删除的表关联的对象则不会显示。而且 Recycle Bin 只显示四列信息：

（1）ORIGINAL NAME：被删除对象的原始名称。

（2）RECYCLEBIN NAME：被删除对象在 Recycle Bin 中的名称。

（3）OBJECT TYPE：对象类型。

（4）DROP TIME：删除时间。

object_name 这个名字在整个数据库中是唯一的

第一步：建立测试数据：

SQL> create user flash_user identified by oracle;
用户已创建。
SQL> grant dba to flash_user;
授权成功。
SQL> conn flash_user/oracle;
已连接。
SQL> create table table1(c_id varchar2(10),c_name varchar2(10));
表已创建。
SQL> drop table table1;
表已删除。

第二步：查看 Recycle Bin 中的对象：

SQL> select object_name,original_name,type,droptime from recyclebin;
OBJECT_NAME   ORIGINAL_NAME
------------------------------ ------------------------------
TYPE   DROPTIME
------------------------ ------------------
BIN$DLjWLigYSwedXq4Y7Ht47Q==$0 TABLE1
TABLE   2015-06-06:21:14:27

在这个例子中：

OBJECT_NAME：BIN$DLjWLigYSwedXq4Y7Ht47Q==$0
ORIGINAL_NAME：TABLE1
TYPE：TABLE
DROPTIME：2015-06-06:21:14:27

8.6.3 使用删除闪回从回收站恢复表

SQL> flashback table table1 to before drop;
闪回完成。
SQL> select * from table1;
未选定行

8.6.4 回收站管理

回收站可以提供误操作后进行恢复的必要信息，但是如果不经常对回收站的信息进行管理，磁盘空间会被长时间占用，因此要经常清除回收站中无用的东西。要清除回收站，可以使用 PURGE 命令。PURGE 命令可以删除回收站中的表、表空间和索引，并释放表、表空间和索引所占用的空间。PURGE 命令语法格式如下：

```
PURGE {TABLESPACE tablespace USER user |
[ TABLE table | INDEX index ] |
[ RECYCLEBIN | DBA_RECYCLEBIN ]
```

说明：
- TABLE：指示清除回收站中的表。
- INDEX：指示清除回收站中的索引。
- TABLESPACE：指示清除回收站中的表空间。
- RECYCLEBIN：指的是当前用户需要清除的回收站。

如果要清除回收站可以使用如下的语句：

```
PURGE TABLE ABIN;
```

如：查询当前用户回收站中的内容，再用 PURGE 清除。

步骤 1：查询当前用户回收站中的内容。

```
SQL> conn flash_user/oracle;
已连接。
SQL> show recyclebin;
ORIGINAL NAME     RECYCLEBIN NAME                  OBJECT TYPE   DROP TIME
---------------   ------------------------------   -----------   -------------------
TABLE1            BIN$o6LIKErlRyeInzRZGZSuUw==$0   TABLE         2015-06-06:21:40:59
```

步骤 2：清除表 table1。

```
SQL> purge table table1;
表已清除。
SQL> show recyclebin;
SQL>
```

8.7 闪回数据库

闪回数据库能够使数据库迅速回滚到以前的某个时间点或者某个 SCN（系统更改号）上。这对于数据库从逻辑错误中恢复特别有用，而且也是大多数逻辑损害时恢复数据库的最佳选择。

实现闪回数据库的基础是闪回日志，只要我们配置了闪回数据库，就会自动创建闪回日志。这时，只要数据库里的数据发生变化，Oracle 就会将数据被修改前的旧值保存在闪回日志里，当我们需要闪回数据库时，Oracle 就会读取闪回日志里的记录，并应用到数据库上，从而将数据库回退到历史的某个时间点上。

数据库闪回可以使数据库回到过去某一时间点上或 SCN 的状态，用户可以不利用备份就能快速地实现时间点的恢复。为了能在发生误操作时闪回数据库到误操作之前地时间点上，需要设置下面三个参数：

（1）db_recovery_file_dest：确定 Flashback Logs 的存放路径。

（2）db_recovery_file_dest_size：指定恢复区的大小，默认值为空。

（3）db_flashback_retention_target：设定闪回数据库的保存时间，单位是分钟，默认是一天。

除了以上参数为还需要将数据库运行在归档模式下（Archivelog）。

数据库参数 db_flashback_retention_target，用来指定可以在多长时间内闪回数据库。该值以分钟为单位，默认值为 1440 分（1 天），更大的值对应更大的闪回恢复空间，类似于闪回数据库的基线。

在创建数据库时，Oracle 系统就自动创建恢复区，默认情况下数据库闪回功能是不够用的，如果需要闪回数据库功能，DBA 必须正确配置该日志区的大小，最好根据每天数据块发生改变的数量来确定其大小。

当用户发布数据库闪回语句后，Oracle 系统首先检查所需要的归档文件和联机重做日志，如果正常，则恢复数据库中所有数据文件到指定的 SCN 或时间点上。

可以使用闪回数据库的场景包括：

（1）用户截断了表（truncate）；

（2）系统管理员误删除了用户；

（3）用户错误地执行了某个批处理任务，或者该批处理任务的脚本编写错误，使得多个表的数据发生混乱，我们无法采用闪回表的方式进行恢复。

8.7.1 设置闪回数据库环境

步骤 1：使用 SYSTEM 登录 SQL*Plus，查看闪回信息，执行如下两条命令。

```
SQL> SHOW PARAMETER DB_RECOVERY_FILE_DEST
NAME                                 TYPE        VALUE
------------------------------------ ----------- ------------------------------
db_recovery_file_dest                string      E:\app\Administrator\flash_rec
                                                 overy_area
db_recovery_file_dest_size           big integer 3852M
SQL> SHOW PARAMETER FLASHBACK
NAME                                 TYPE        VALUE
------------------------------------ ----------- ------------------------------
db_flashback_retention_target        integer     1440
```

步骤 2：以 SYSDBA 登录，确认实例是否在归档模式。

```
SQL> conn / as sysdba;
已连接。
SQL> archive log list;
数据库日志模式          存档模式
自动存档               启用
存档终点               f:\arch\
最早的联机日志序列       13
下一个存档日志序列       15
当前日志序列            15
```

如果数据库没有工作在归档模式，可以用以下语句来设置。

```
$mkdir d:\arch
alter system set log_archive_dest_1='location=d:\arch\' scope=spfile;
alter system set log_archive_format='arch_%d_%t_%r_%s.log'scope=spfile;
conn system/oracle as sysdba;
shutdown immediate;
startup mount;
alter database archivelog;
alter database open;
alter system switch logfile;
```

步骤 3：设置 Flashback Database 为启用。

```
SQL> shutdown immediate
数据库已经关闭。
已经卸载数据库。
ORACLE 例程已经关闭。
SQL> STARTUP MOUNT
ORACLE 例程已经启动。
Total System Global Area  1071333376 bytes
Fixed Size                   1375792 bytes
Variable Size              553648592 bytes
Database Buffers           511705088 bytes
Redo Buffers                 4603904 bytes
数据库装载完毕。
SQL> alter database flashback on;
数据库已更改。
SQL> alter database open;
数据库已更改。
```

设置好数据库闪回所需要的环境和参数，就可以在系统出现问题时用闪回数据库的命令来恢复数库到某个时间点或 SCN 上。

8.7.2 数据库闪回

数据库闪回命令既可以在 RMAN 命令行中执行，也可以在 SQL*Plus 命令行环境中执行，其命令格式都是一样的，在这个例子中，所有操作都是在 SQL*Plus 命令行中执行，操作步骤如下：

步骤 1：查询当前时间和旧的闪回号。

```
SQL> SHOW USER;
USER 为 "SYS"
SQL> ALTER SESSION SET NLS_DATE_FORMAT='YYYY-MM-DD HH24:MI:SS';
会话已更改。
SQL> SELECT SYSDATE FROM DUAL;
SYSDATE
-------------------
2015-06-06 23:38:25
SQL> SELECT OLDEST_FLASHBACK_SCN,OLDEST_FLASHBACK_TIME
  2    FROM V$FLASHBACK_DATABASE_LOG;
OLDEST_FLASHBACK_SCN OLDEST_FLASHBACK_TI
-------------------- -------------------
1538775 2015-06-06 23:28:33
SQL> SET TIME ON
```

步骤 2：在当前用户下创建例表 flash_db。

```
23:38:28 SQL> CREATE TABLE flash_db AS SELECT * FROM all_objects where object_id<10;
表已创建。
```

步骤 3：确定时间点，模拟误操作，删除表 flash_db。

```
23:41:17 SQL> SELECT SYSDATE FROM DUAL;
SYSDATE
-------------------
2015-06-06 23:42:00
23:42:00 SQL> DROP TABLE flash_db;
表已删除。
23:42:02 SQL> DESC flash_db;
ERROR:
ORA-04043: 对象 flash_db 不存在
```

步骤 4：以 mount 打开数据库并进行数据库闪回。

```
23:42:03 SQL> SHUTDOWN IMMEDIATE;
数据库已经关闭。
已经卸载数据库。
ORACLE 例程已经关闭。
23:45:25 SQL> STARTUP MOUNT EXCLUSIVE;
ORACLE 例程已经启动。
```

```
Total System Global Area  1071333376 bytes
Fixed Size                   1375792 bytes
Variable Size              553648592 bytes
Database Buffers           511705088 bytes
Redo Buffers                 4603904 bytes
```
数据库装载完毕。
23:46:18 SQL> FLASHBACK DATABASE TO TIMESTAMP(TO_DATE('2015-06-06 23:42:00', 'YY
YY-MM-DD HH24:MI:SS'));
闪回完成。
23:46:25 SQL> ALTER DATABASE OPEN RESETLOGS;
数据库已更改。
23:47:00 SQL> select count(*) from flash_db;
COUNT(*)

8

说明：如果用 SCN 来闪回数据库可以有下语句：

23:47:16 SQL> select timestamp_to_scn(TO_TIMESTAMP('2015-06-06 23:42:00','YYYY-M
M-DD HH24:MI:SS')) from dual;
TIMESTAMP_TO_SCN(TO_TIMESTAMP('2015-06-0623:42:00','YYYY-MM-DDHH24:MI:SS'))

1539337
23:51:34 SQL> flashback database to scn 1539337;

注意：在执行 flashback database 时，数据库必须是在 mount 状态下。

8.8　归档闪回

undo 表空间记录的回滚信息虽然可以提供回闪查询，但时间久了这些信息会被覆盖掉，其实只要事务一提交，它们就变成可覆盖的对象了。所以经常在做回闪查询时，我们会因为找不到 undo block 而收到 1555 错误，11g 中引入了 Flashback Data Archive，它用于存储数据的所有改变，时间由你自己设定，消耗的是更多的磁盘空间。

归档闪回是一个新的数据库对象，其中保留一个或多个表的历史数据，并具有自己的数据存储保留和清洗策略。数据库将 Buffer Cache 中的原始数据写到 undo 表空间中作为 undo 数据，11g 中一个新的后台进程叫 FBDA 将收集和写这些原始数据到归档闪回区用于另外创建一份所有表数据的历史。为了启用归档闪回，必须用 flashback data archive 子句创建一张表或使用 alter table 语句为存在的表启用归档。有以下一些原则：

（1）归档闪回和表之间是一对多的关系。
（2）在一个数据库中可以使用多个归档闪回以满足不同期限的数据保留策略。
（3）可以指定一个归档闪回只针对一个表空间。

（4）新的后台进程 FBDA 从 Buffer Cache 收集原始数据记录在归档闪回指定表空间里。

（5）Oracle 自动清洗过期的归档闪回数据。

一旦为一张表启用了归档，会为该表创建一个内部历史表，这个历史表将具有原始表的所有列，还有一些时间戳列。这个历史表用于跟踪事务改变。当对要归档的表进行 update、delete 时，那么在提交之前，内部历史表会有该事务和 undo 记录。一个 insert 操作不会在历史表中也插入一条记录。FBDA 后台进程在系统设定的时间间隔被唤醒，默认是 5 分钟。后台进程拷贝被标记的事务的 undo 数据到历史表。所以当你更新一个表时，历史表中并不是马上就体现更改。如果数据库中产生大量 undo 数据，那么系统会自动调整 FBDA 的休眠时间以满足历史表的记录。直到 FBDA 后台进程完全记录 undo 数据到历史表，数据库将不会重用被标记为归档的 undo 记录。一旦 FBDA 后台进程完全将相应的 undo 数据写入历史表，undo 记录所用的空间才变得可回收。

创建一个闪回数据归档区使用 CREATE FLASHBACK ARCHIVE 语句，语法格式如下：

```
CREATE FLASHBACK ARCHIVE [DEFAULT] flashback_archive
TABLESPACE tablespace
[QUOTA integer {M|G|T|P} ]
[RETENTION integer {YEAR|MONTH|DAY}];
```

其中，DEFAULT：指定默认的闪回数据归档区。

flashback_archive：闪回归档区的名称。

TABLESPACE tablespace：指定闪回数据归档区存放的表空间。

QUOTA integer：凝定闪回数据归档区的最大大小。

RETENTION integer：指定归档区可以保留的时间。

8.8.1 创建闪回数据归档

步骤 1：创建表空间。

```
SQL> create tablespace flash_tbs1 datafile 'E:\app\Administrator\oradata\orcl\fl
ash_tbs1.dbf' size 100M;
表空间已创建。
```

步骤 2：创建一个闪回数据归档区，并作为默认的归档区。

```
SQL> CONNECT / AS SYSDBA;
已连接。
SQL>
SQL> CREATE FLASHBACK ARCHIVE DEFAULT flash_archive
  2    TABLESPACE flash_tbs1
  3    QUOTA 50M
  4    RETENTION 1 DAY;
闪回档案已创建。
```

8.8.2 更改闪回数据归档

步骤 1：创建表空间。

SQL> create tablespace flash_tbs2 datafile 'E:\app\Administrator\oradata\orcl\flash_tbs2.dbf' size 100M;
表空间已创建。

步骤 2：添加表空间。

SQL> alter flashback archive flash_archive add tablespace flash_tbs2;
闪回档案已变更。

步骤 3：删除表空间。

SQL> alter flashback archive flash_archive remove tablespace flash_tbs2;
闪回档案已变更。

步骤 4：修改保留的时间。

SQL> alter flashback archive flash_archive modify retention 1 year;
闪回档案已变更。

8.8.3 启用和禁用闪回数据归档

步骤 1：在建表的同时就启用表的闪回日志。

SQL> create table t1(id int,name varchar2(10)) flashback archive flash_archive;
表已创建。

也可以在建表后，用以下的命令：

alter table t1 flashback flash_archive;
再启用表的闪回日志，没指定表示使用数据库默认的。

步骤 2：禁用闪回数据归档。

SQL> alter table t1 no flashback flash_archive
表已更改。

8.8.4 查询闪回数据归档的有关信息

步骤 1：查询哪些表已经启用了闪回数据归档。

SQL> select TABLE_NAME,OWNER_NAME from dba_flashback_archive_tables;
TABLE_NAME   OWNER_NAME
------------------------------ ------------------------------
T1   SYS

步骤 2：查询数据库中所有的闪回数据归档。

SQL> select flashback_archive_name as name ,retention_in_days   as days from dba_flashback_archive;
NAME

```
DAYS
----------
FLASH_ARCHIVE
365
```

步骤3：查询有关闪回数据归档所使用的表空间的信息。

```
SQL> select flashback_archive_name,tablespace_name,quota_in_mb from dba_flashback_archive_ts;
FLASHBACK_ARCHIVE_NAME
--------------------------------------------------------------------------------
TABLESPACE_NAME
------------------------------
QUOTA_IN_MB
--------------------------------------------------------------------------------
FLASH_ARCHIVE
FLASH_TBS1
50
```

8.8.5　使用闪回数据归档

步骤1：建立测试表。

```
SQL> create table test_flash(id int,name varchar2(10));
表已创建。
```

步骤2：对 test_flash 表执行闪回归档设置。

```
SQL> alter table test_flash flashback archive flash_archive;
表已更改。
```

步骤3：向 Oracle 循环列表中插入 100 条记录。

```
SQL> begin
  2    for i in 1..100 loop
  3    insert into test_flash values(i,'cqdz'||i);
  4    commit;
  5    end loop;
  6    end;
  7  /
```

步骤4：查询表中的记录条数。

```
SQL> select count(*) from test_flash;
COUNT(*)
----------
100
```

步骤5：查询数据字典 dba_flashback_archive_tables，查询已经设置了闪回归档的表。

```
select * from dba_flashback_archive_tables;
```

	TABLE_NAME	OWNER_NAME	FLASHBACK_ARCHIVE_NAME	ARCHIVE_TABLE_NAME	STATUS
1	T1	SYS	FLASH_ARCHIVE	SYS_FBA_HIST_73660	ENABLED
2	TEST_FLASH	SYS	FLASH_ARCHIVE	SYS_FBA_HIST_73664	ENABLED
3	TEST_FLASH1	SYS	FLASH_ARCHIVE	SYS_FBA_HIST_73672	ENABLED

步骤 6：分别查询 test_flash 和该表对应的归档表 SYS_FBA_HIST_73673 的记录数。

SQL> select count(*) from SYS_FBA_HIST_73673;
COUNT(*)

0
SQL> select count(*) from test_flash;
COUNT(*)

100
SQL> select count(*) from SYS_FBA_HIST_73673;
COUNT(*)

0

步骤 7：查询当前数据库的 SCN 号。

SQL> set time on
22:48:34 SQL> select current_scn from v$database;
CURRENT_SCN

1597782

步骤 8：删除 test_flash 表中的所有记录，并提交。

SQL> delete from test_flash;
已删除 100 行。
SQL> commit;
提交完成。

步骤 9：查询当前数据库的 SCN 号。

22:49:04 SQL> select current_scn from v$database;
CURRENT_SCN

1598060

步骤 10：查询 test_flash 表对应的归档表 SYS_FBA_HIST_73673 的记录数。

22:49:49 SQL> select count(*) from SYS_FBA_HIST_73673;
COUNT(*)

0

步骤 11：等 5 分钟，再查询 test_flash 表对应的归档表 SYS_FBA_HIST_73673 的记录数。

22:50:48 SQL> select count(*) from SYS_FBA_HIST_73673;
COUNT(*)

100

步骤 12：通过 SYS_FBA_HIST_73673 来恢复 test_flash 表的记录。

22:57:38 SQL> insert into test_flash select id,name from SYS_FBA_HIST_73673;
已创建 100 行。
22:59:39 SQL> commit;
提交完成。